Kräuter, Beeren und Pilze

Bestimmen | Sammeln | Zubereiten

KATRIN UND FRANK HECKER

blv

Was Sie in diesem Buch finden

Nahrung aus der Natur

»Tue deinem Körper Gutes,
damit deine Seele
Lust hat, in ihm zu wohnen.«
(Teresa von Ávila)

Wildkräuter, -früchte und -pilze sind niemals vom Menschen gezüchtet und verändert worden. Sie benötigen keinen Dünger, keine Gifte und keine Pflege. Denn sie sind äußerst widerstandsfähig und strotzen nur so vor Kraft. Und wer von ihnen kostet, der hat Teil an ihrem unglaublichen Spektrum lebenswichtiger Vitalstoffe, die Wildpflanzen seit Jahrmillionen das Überleben auf unserer Erde sichern. Teil an ihrer ungebändigten Lebenskraft und Energie.
Das ist noch nicht alles. Das Sammeln von Wildpflanzen ist auch eine Chance, einen neuen Zugang zur Natur zu finden. Auf der Suche nach Wildkräutern, Beeren und Pilzen finden wir immer neue Pfade und Plätze, erleben den Wechsel der Jahreszeiten mit den Veränderungen der Pflanzen hautnah. Wir beobachten, fühlen, schnuppern und kosten – und Liebe geht ja bekanntlich durch den Magen.
Dabei stellen Sie vielleicht fest, dass die meisten Wildpflanzen ganz anders schmecken, als Sie es gewohnt sind. Das ist auch tatsächlich so. Denn Wildpflanzen enthalten wesentlich mehr Bitterstoffe, Gerbstoffe und Senföle (Seite 180–181) als gezüchteter Salat oder Gemüse aus dem Supermarkt. Genau diese und noch viel mehr Inhaltsstoffe wie zahlreiche Mineralstoffe und Vitamine machen Wildpflanzen so gesund. Sie regen unseren Stoffwechsel an, wirken blutreinigend, entschlackend und antibakteriell. Deshalb sind viele auch Nahrung und Medizin zugleich und werden seit Jahrhunderten in der Heilkunde eingesetzt.
Dabei möchten wir Ihnen raten, es behutsam anzugehen. Lassen Sie Ihren Geschmacksnerven Zeit, sich an die neuen Würzstoffe zu gewöhnen, und setzen Sie Wildkräuter zu Beginn

Wild- und Gartenkräuter passen gut zusammen.

Gaumenschmaus aus Pilzen und Preiselbeeren.

eher sparsam als »Würzkraut« ein. Fremdartig schmeckende Wildfrüchte lassen sich dabei gut mit bekannten, milderen Früchten mischen. Auch ist es ratsam, sich zunächst auf das Kennenlernen und Bestimmen ausgewählter Pflanzen zu konzentrieren. Vertrauen Sie dabei ruhig auf Ihr Gefühl. Wählen Sie Pflanzen aus, die Sie besonders anziehen – ob in freier Natur oder beim Blättern in diesem Buch. Warum Sie genau diese ausgewählt haben, wird Ihnen vielleicht erst später klar. Manchmal weisen uns Pflanzen den Weg auf unerklärliche Weise, das habe ich selbst schon oft erlebt.
Lernen Sie dann »Ihre« Pflanzen zu allen Jahreszeiten kennen, bis Sie wirklich mit Blättern, Blüten, Samen oder Früchten und möglicherweise giftigen Doppelgängern vertraut sind. Im nächsten Frühjahr werden Sie »Ihre« Kräuter und Sträucher sicher schon anhand der ersten Blättchen wiedererkennen. Das ist der allerbeste Garant für ein sicheres Bestimmen.

Wildkräuter in den Garten holen

Manche Wildkräuter wie das Herzgespann oder Echte Engelwurz sind in freier Natur nicht häufig zu finden. Solche Wildpflanzen haben wir kurzerhand in unserem Garten angesiedelt. Es gibt aber noch mehr Gründe, dies zu tun: Manche Wildkräuter wie Kriechender Günsel, Salbei, Heil-Ziest oder Oregano sind einfach so schön und zugleich so nützlich und anspruchslos, dass sie vor unserer Haustür nicht fehlen sollten. Andere wie Bärlauch und Wilde Möhre haben wir angesiedelt, um Verwechslungen mit ihren giftigen Doppelgängern auszuschießen. Übrigens gedeihen viele Wildpflanzen auch in Blumenkübeln oder auf dem Hinterhof. Ein schöner Nebeneffekt: Wildpflanzen vermehren sich in der Regel gern von selbst und locken viele Schmetterlinge und Wildbienen an.

Warum selbst sammeln?

Weil Sie die Wahl haben …

- … zu welcher Jahres- und Tageszeit Sie sammeln.
- … wo Sie sammeln gehen.
- … wie Sie Ihre Kräuter und Früchte anschließend haltbar machen.

Damit besitzen Sie einen ganz beachtlichen Einfluss auf Frische, Qualität und Wirkstoffgehalt Ihrer Kräuter und Früchte!

Wildfrüchte sind oft kleiner als ihre Zuchtformen.

Kräuter sammeln

Was zuerst auffällt, wenn Sie eine Pflanze entdecken, das ist meist ihre Blüte. Deshalb finden Sie die Wildkräuter in unserem Buch sortiert nach ihrer Blütenfarbe von weiß über gelb, rot und blau bis hin zu Kräutern mit ganz unscheinbaren, grünlichen Blüten. Wichtig sind neben der Größe und dem Standort einer Pflanze natürlich auch Gestalt und Größe ihrer Blätter. Wo diese Merkmale allein noch keine eindeutige Bestimmung zulassen, können der Geruch der zerriebenen Blätter, das Aussehen oder auch der Querschnitt des Stängels weitere entscheidende Anhaltspunkte liefern. Natürlich weisen wir Sie in der Beschreibung der Arten auch auf mögliche Verwechslungsgefahren hin. Besonders häufige giftige Doppelgänger finden Sie auf den Seiten 86–87. Tipps zum richtigen Sammeln und zur benötigten Ausrüstung finden Sie auf den Seiten 14–15.

Blüten am besten flach ausgebreitet trocknen.

Wildkräuter haltbar machen

Wildkräuter sind naturgemäß nur über bestimmte Zeiträume im Jahr verfügbar und die Haltbarkeit geernteter Kräuter auf wenige Tage beschränkt. Daher stellt sich nach dem Sammeln alsbald die Frage, wie wir die Pflanzen möglichst so haltbar machen können, dass uns ihre guten Inhaltsstoffe das ganze Jahr über bis zur nächsten Erntesaison zur Verfügung stehen. In unseren Rezepten (Seite 160–179) finden Sie hierzu eine bunte Mischung ausprobierter, schmackhafter und wirklich einfach umzusetzender Ideen von Blütensalz, Pesto, Chutney und Wildem Senf bis hin zu eingelegten Kapern, Blütenessig, Sirup, Kräuterwein, Likören, Magenbittern und vielem mehr.

Die schnellste und einfachste Methode, gerade wenn nach der Ernte nicht viel Zeit zur Verarbeitung da ist, besteht im Einfrieren der Kräuter. Einfach waschen, klein schneiden, in Dosen oder Gefrierbeutel füllen und ab in den Gefrierschrank. Theoretisch halten Kräuter so bis zur nächsten Erntesaison – unsere leider nie, weil sie immer zu schnell aufgebraucht sind. Einen Großteil unserer Kräuter machen wir deshalb lieber haltbar, indem wie sie trocknen. So kann man auch größere Mengen konservieren, zum Beispiel, um daraus noch im Winter Tees zu mischen. Um dabei möglichst viele der wertvollen Inhaltsstoffe beim Trocknen zu erhalten und gesundheitsschädigende Schimmelbildung zu vermeiden, möchten wir Ihnen hierzu gern einige grundlegende Tipps mit auf den Weg geben.

Wildkräuter richtig trocknen

Ernten Sie Kräuter, die Sie trocknen möchten, am besten nach einer Schönwetterperiode (nach Regenfällen steigt in Pflanzen der Wassergehalt zulasten des Wirkstoffgehaltes), und zwar in den späten Vormittagsstunden, nachdem aller Tau abgetrocknet ist. Nun ist der Wirkstoffgehalt in Blättern und Blüten am höchsten. Um die Mittagszeit oder in der prallen Sonne werden zwar besonders viele ätherische Öle in der Pflanze gebildet (deshalb duften sie nun besonders gut), doch diese werden, wie Sie ja an den guten Düften erleben, auch freigesetzt, da sie der Pflanze als natürliche Kühlung dienen. Damit stehen sie in der Pflanze selbst nicht mehr in hoher Konzentration zur Verfügung.

Gleich nach der Ernte zupft man unansehnliche Blätter, Verblühtes und Gräser aus den Sträußen und schütteln sie kräftig, um kleine Käferchen und andere Insekten daraus zu entfernen. Um nicht unnötig Inhaltsstoffe einzubüßen und um einer Schimmelbildung beim Trocknen vorzubeugen, waschen wir die Kräuter vor dem Trocknen nicht. (Eine Ausnahme bilden Wurzeln, sie werden gründlich geschrubbt.)

Am einfachsten geht das Trocknen von Kräutern, indem man sie in Sträußen »über Kopf« an einem schattigen, luftigen und möglichst staubfreien Ort aufhängt. Wichtig ist hierbei, sie nach Floristenart so zu binden, dass möglichst wenig Stängel direkt »aneinanderkleben«. Sind sie nach 1–2 Wochen »knistertrocken«, werden sie abgenommen und samt Stängel grob zerkleinert. Bei dieser Trocknungsart ist es wichtig, zumindest das obere Stängeldrittel mit zu verwenden, da sich beim Trocknen die Wirkstoffe aus den Blättern in die Stängel zurückziehen.

Bitte Kräuter für Tees nicht zerbröseln, wie Sie es vielleicht aus gekauften Teebeuteln kennen. Denn an jeder Bruchstelle gehen nachweislich wertvolle Wirkstoffe verloren. So ist handverlesene »Ganzblattware« stets dem maschinell gehäckselten »Krüllschnitt« vorzuziehen. Zerkleinert werden unsere Kräuter erst unmittelbar vor dem Gebrauch.

Wir bewahren Kräuter immer in Papiertüten verschiedener Größen auf. Das ist einfach, preiswert und sie halten darin wirklich gut bis zum nächsten Jahr. Zum Verschließen benutzen wir Wäscheklammern. In den ersten Tagen nach dem Abfüllen werden die Tüten dabei oben nur locker verschlossen, sodass eventuell vorhandene Restfeuchtigkeit noch entweichen kann. Bewahren Sie Kräuter stets in trockenen, kühlen Räumen (unter 18 °C) auf. Da Wirkstoffe sich mit der Zeit verflüchtigen, sollten Sie Kräuter innerhalb eines Jahres aufbrauchen. Reste taugen aber immer noch zur Bereitung von Kräuterbädern.

Kräuter in Sträußen möglichst luftig aufhängen.

Beeren und Früchte sammeln

Früchte fallen am ehesten durch ihre leuchtenden Farben auf. Deshalb finden Sie sie in unserem Buch auch sortiert nach Fruchtfarben von blau bis schwarz über rot bis hin zu braunen, grünlichen oder weißen Früchten. Da manche schmackhaften Früchte leider zum Verwechseln ähnliche, ungenießbare oder sogar giftige Doppelgänger haben, ist eine genaue Kenntnis der Pflanzen, von denen Sie ernten, sehr wichtig! Beachten Sie bitte auch stets die Form der Blätter, den Standort und weitere im Text vermerkte Details, die zum richtigen Bestimmen der Art unerlässlich sind. Die wichtigsten giftigen Wildfrüchte zum Vergleich finden Sie auf den Seiten 124–127. Und natürlich gilt hier dasselbe wie für das Sammeln von Wildkräutern: Im Zweifelsfall lieber stehen lassen!

Der Fuchsbandwurm

Besteht durch den Genuss von Wildfrüchten, Wildkräutern und Wildpilzen eine erhöhte Gefahr, sich mit Eiern des Fuchsbandwurmes zu infizieren? Wissenschaftliche Untersuchungen der Universität Ulm sowie des Robert-Koch-Instituts (Bundesinstitut für Infektionskrankheiten und zentrale Überwachungs- und Forschungseinrichtung der Bundesrepublik Deutschland) ergaben, dass das **nicht** der Fall ist. Hingegen wurde mittlerweile ein erhöhtes Risiko für Hundehalter sowie für Landarbeiter (Heuernte) festgestellt. Wer dennoch Bedenken hat, Wildfrüchte zu ernten, sollte seine Früchte vor dem Verzehr stets gründlich waschen. Auch Erhitzen auf mindestens 60 °C lässt Bandwurm-Eier absterben.

Wildfrüchte haltbar machen

Kennen Sie noch das Bild einer schweißüberströmten Großmutter, die bei schönstem Spätsommerwetter stundenlang in der heißen Küche schuftete, Früchte einweckte und anschließend ganze Kellerregale mit Marmeladengläsern füllte? Nun, so muss es heute zum Glück nicht mehr aussehen. Wir kochen auch gern ein, aber nicht alles auf einmal. Oft haben wir nach der Ernte gar nicht sofort Zeit, alles Sammelgut weiterzuverarbeiten. Dann wird der Großteil der Früchte einfach portionsweise eingefroren. Und die Kinder lieben es, wenn mitten im Winter plötzlich der Duft frisch gekochter Marmelade durchs Haus zieht.
In unseren Rezepten finden Sie aber noch viel mehr Tipps zur Verwendung Ihrer Früchte. Von exotisch anmutenden Chutneys, Clafoutis und Crumble über traditionelle Früchtebrote bis hin zu selbst angesetzten Likören und Schnäpsen. Wer es nussiger mag, sollte unbedingt unsere Haselnuss-Schokocreme oder ein Pesto mit Walnüssen oder Bucheckern probieren. Und kleinere Früchte wie die von Weißdorn, Wald-Erdbeere und Berberitze eignen sich hervorragend zum Trocknen für winterliche Teemischungen und Müslis.

Wildfruchtsäfte herstellen

Für größere Mengen safthaltiger Wildfrüchte wie Holunder, Johannisbeeren, Himbeeren, Brombeeren, Mahonien oder Kirschen ist das Erstellen von Wildfruchtsäften eine lohnende Sache. Falls Sie es noch nie ausprobiert haben: Mit einem Dampfentsafter geht das auch eher ungeübten Küchenfeen einfach von der Hand. Dampfentsafter sind nicht teuer und halten über Generationen – vielleicht haben Sie sogar noch einen von Ihrer Mutter oder Oma im Keller stehen? Dann benötigt er nur noch einen neuen Ablaufschlauch (sie werden mit der Zeit porös) und schon kann's losgehen.

Das Beste am Dampfentsaften: Sie brauchen die Früchte weder zu schälen noch zu entstielen oder zu entkernen, denn hier wird nichts »ausgekocht«. Der Trick besteht nämlich darin, dass bloß heißer Wasserdampf durch die Früchte geschickt wird. Dadurch platzen sie auf und der Saft wird aufgefangen.

Ein Dampfentsafter besteht im Wesentlichen aus 3 großen Teilen: einem flachen unteren Topf, einem großen oberen Topf und einem großen Sieb, das in den oberen Topf gehängt wird. Dann gibt es noch einen Deckel und einen Ablaufschlauch mit Klemme. Den unteren Topf füllen Sie einfach komplett mit (heißem) Wasser bis knapp unter den Rand. Nun setzen Sie den oberen Topf darauf. In diesen tun Sie das Sieb und in das Sieb Ihre Früchte (wenn Sie pro kg Früchte noch 100 g Zucker zugeben, wird noch mehr Saft herausgezogen, es funktioniert aber auch ohne Zucker). Deckel drauf und das Ganze auf den Herd stellen (es gibt auch Modelle mit eingebauter Heizplatte).

Das Wasser im unteren Topf muss nun zum Kochen gebracht werden, damit Wasserdampf entsteht. Der Dampf bringt die Früchte im darüberliegenden Sieb zum Platzen und der Saft fließt in den großen, oberen Topf. Lassen Sie diesem Vorgang etwa 1 Stunde lang Zeit. Durch den abklemmbaren Schlauch können Sie den austretenden Saft dann bequem in Ihre vorbereiteten, heiß ausgespülten Glasflaschen (wir nehmen einfache Mineralwasser-Pfandflaschen) fließen lassen. Tipp: Geben Sie den ersten halben Liter Saft wieder zurück auf die Früchte, damit aller Saft gleich stark konzentriert ist.

Da der Saft ja heiß abgefüllt wird, ist er auch ohne Zugabe von Zucker mehrere Monate lang haltbar. Tatsächlich ist bei uns auch länger stehender Saft nicht schlecht geworden. Den Saft können Sie natürlich noch zu Sirup oder Gelee weiterverarbeiten.

Heißer Genuss aus Schwarzen Holunderbeeren.

Pilze sammeln

Pilze richtig erkennen

Pilze sind ausgesprochen variable Lebewesen. Ein und dieselbe Art kann, je nach Alter, Witterung und Standort, sehr unterschiedlich aussehen! So kommt es Jahr für Jahr zu tragischen Verwechslungen mit ungenießbaren oder sogar tödlich giftigen Arten. Bei der Bestimmung von Pilzen ist daher ganz besondere Sorgfalt geboten. Ganz sicher genügt es nicht, einen Pilz nur von oben zu betrachten und anhand eines Fotos zu bestimmen, das gelingt selbst Experten nicht!

- Ein wichtiges, erstes Kriterium zum Bestimmen liefert der **Standort**: Denn viele Pilze gehen enge Lebensgemeinschaften mit ganz bestimmten Bäumen ein und können wirklich nur unter oder auf diesen gedeihen.

Doppelgänger direkt nebeneinander auf einem Baumstumpf: Das essbare Stockschwämmchen *(Kuehneromyces mutabilis,* rechts im Bild) und der tödlich giftige Gift-Häubling *(Galerina marginata,* links im Bild) werden nicht selten verwechselt.

- Wie ist der **Hut** beschaffen? Welche Größe und welche Farbe hat er, ist seine Oberfläche schmierig-schleimig oder eher samtig und trocken? Ist der Rand nach unten umgebogen oder wellig? Finden sich darauf Körnchen, Flocken oder kleine Stacheln?
- Schauen Sie als Nächstes unter den Hut: Sind hier **Lamellen** zu sehen oder **Röhren**? Bei einigen Arten finden sich auch **Leisten** (bei den Pfifferlings-Arten), **Stacheln** (beim Semmel-Stoppelpilz) oder feine **Poren** (beim Schwefel-Porling). Bei manchen Arten können die Lamellen am Stiel herablaufen oder leicht verschiebbar sein; auch die Farbe von Lamellen, Poren oder Leisten spielt eine wichtige Rolle bei der Bestimmung.
- Reiben Sie ein wenig an dem Pilz und schnuppern Sie, wonach er riecht. Nicht jeder Pilz riecht ausgesprochen »pilzig«. Manche verströmen einen **Geruch** nach Desinfektionsmitteln, viele riechen nach Anis, Rettich oder Kartoffeln, manche nach Marzipan oder nach Aas.
- Schneiden oder ritzen Sie das Fleisch an und schauen Sie, ob es sich verfärbt. Viele Pilze zeigen nach Verletzungen typische **Verfärbungen**. So ist das »Blauen« der Marone ein sehr hilfreiches Bestimmungsmerkmal.
- Bei manchen Arten wie dem Edel-Reizker tritt nach dem Anritzen ein Karottensaft-artiger **Milchsaft** aus – auch er liefert uns wichtige Hinweise zur Bestimmung.
- Auch der **Stiel** ist sehr wichtig zur Bestimmung und sollte daher in Zweifelsfällen unbedingt komplett herausgedreht und mitgenommen werden. Ist er innen hohl oder fest, beschuppt

oder glatt, mit oder ohne Ring? Ein wichtiges Merkmal ist auch die Stielbasis, wo sich mitunter knollige Verdickungen finden, wie beim giftigen Grünen Knollenblätterpilz.

- **Vorsicht bei unreifen, sehr jungen Pilzen!** Insbesondere bei noch geschlossenen Hüten werden häufig genießbare Röhrlinge mit giftigen Lamellenpilzen verwechselt! Die entscheidenden Bestimmungsmerkmale sind bei sehr jungen Pilzen einfach noch nicht so ausgeprägt oder nur schwierig erkennbar.

In unserem Buch finden Sie zunächst die einfacher zu erkennenden **Röhrlinge,** zu denen beliebte Arten wie Steinpilz, Rotkappe und Birkenpilz zählen. Darauf folgen die **Lamellenpilze** wie Parasol, Wiesen-Champignon und Stockschwämmchen. Im Anschluss finden Sie die sogenannten **Leistlinge,** deren bekanntester Vertreter wohl der begehrte Echte Pfifferling ist. Nicht vorenthalten möchten wir Ihnen zum Schluss einige Spezialitäten mit ganz besonderen Wuchsformen. Dazu zählen unter anderem das eigenartige Judasohr, die Krause Glucke und die beliebte Speise-Morchel.

Das sollten Sie beherzigen!

- Breiten Sie Ihr Sammelgut vor der Verarbeitung immer sorgfältig aus und untersuchen Sie wirklich jeden einzelnen Pilz! So wachsen mancherorts eingestreut in dichte Büschel von Stockschwämmchen bloß zwei oder drei der zum Verwechseln ähnlichen, aber tödlich giftigen Gift-Häublinge (siehe Foto).
- Wildpilze niemals roh verzehren! Erst beim Erhitzen werden für den Menschen unverträgliche oder sogar giftige Inhaltsstoffe zerstört.
- Behandeln Sie Pilze wie rohen Fisch: Spätestens am 2. Tag sollten gesammelte Pilze verzehrt werden.
- Jeder Pilz mit Schimmelansatz muss komplett entsorgt werden.
- Verwerten Sie ausschließlich junge, einwandfreie Pilze ohne Madenbefall oder Fraßspuren. Fühlen sich Pilze schwammig und »wabbelig« an, so sind sie mit ihrer Sporenproduktion bereits durch und zu alt zum Verzehr. Solche Pilze wässern auch zu sehr.
- Pilze nicht waschen, sondern nur mit dem Messer säubern.

Vom langjährigen Speisepilz zum Giftpilz

Manche Pilze, die über Jahrzehnte gesammelt und gegessen wurden, wie Kahler Krempling *(Paxillus involutus)*, Frühjahrs-Lorchel *(Gyromitra esculenta)*, Grünling *(Tricholoma equestre)* oder Butterpilz *(Suillus luteus)* gelten heute als unverträglich oder sogar als giftig. Neuere Forschungen zu den Inhaltsstoffen, die z. T. genschädigend wirken, sowie eine wachsende Zahl ernstzunehmender Magen-Darm-Probleme bis hin zu Todesfällen (z. B. nach Konsum des Grünlings) haben dies notwendig gemacht. Bitte verlassen Sie sich heute nicht mehr ausschließlich auf das schöne Pilzbuch vom Opa, auch wenn es noch so viele gute Erinnerungen in sich birgt, sondern ziehen Sie immer auch aktuelle Bestimmungsbücher zurate oder fragen Sie den Pilz-Sachverständigen vor Ort.

Richtig sammeln das ganze Jahr

Im Frühjahr …

… erwachen die Lebensgeister in Wildkräutern, Bäumen und Sträuchern. All ihre über Winter in unterirdischen Wurzeln und Zwiebeln gespeicherten Energien schicken sie nun ins Wachstum **junger Triebe, Blattknospen** und **Blätter**. Deshalb findet sich dort jetzt der höchste Gehalt an Wirkstoffen, von dem auch unsere Lebensenergien profitieren können. Mit den aufsteigenden Säften wird es auch einfach, **Rinde** von Ästen abzulösen. An Waldrändern und auf Wiesen finden sich die ersten **Pilze** wie Speise-Morchel und Maipilz.

Im Sommer …

… lenken Pflanzen ihre Kräfte zunehmend in die Bildung von **Blütenknospen und Blüten** – der beste Zeitpunkt, um diese zu ernten. Die meisten Blätter werden nun zunehmend fasrig und hart. Eine Ausnahme bilden dabei gemähten Wiesen. Hier treiben Brennnesseln, Wiesen-Bärenklau, Taubnessel, Schafgarbe, Löwenzahn und andere Kräuter bald wieder frisch aus. Mit Johannisbeeren, Himbeeren und Wald- Erdbeeren werden ab Juni die ersten **Früchte** reif. Auch begehrte **Pilze** wie Pfifferlinge, Röhrlinge und Täublinge finden sich nun schon.

Darauf sollten Sie achten

- Wählen Sie Ihren Sammelort mit Bedacht. Meiden Sie die Nähe von Äckern (Dünge- und Spritzmittel), Straßen (Abgase) und Hunde-Auslaufwegen. Suchen Sie sich persönliche Wohlfühlorte zum Sammeln.
- Nehmen Sie sich Zeit, wirklich nur schöne, unversehrte Pflanzenteile zu wählen. Befallene Blätter, Gräser oder Erde verderben zu Hause schnell die Freude an den gesammelten Schätzen.
- Bitte ernten Sie niemals alle Blätter, Blüten, Wurzeln, Früchte oder Pilze eines Standortes. Ein guter Sammelort sollte nach dem Pflücken noch ebenso attraktiv aussehen wie davor. Lassen Sie bitte stets so viel übrig, dass die Pflanze noch weiter gedeihen, Samen oder Früchte bilden und sich ausbreiten kann.
- Bitte sammeln Sie nicht mehr, als Sie auch wirklich in den nächsten 2 Tagen zu Hause entsprechend verarbeiten können.
- Transportieren Sie Ihr Sammelgut möglichst unversehrt nach Hause (s. u.), damit wertvolle Inhaltsstoffe nicht schon beim Transport verloren gehen.
- Bitte beachten Sie beim Sammeln, dass manche Beeren wie Holunder oder Vogelbeere und vor allem Pilze (Seite 13) nicht roh genossen werden dürfen!
- Ernten Sie bitte niemals überreife Pilze!
- Ein umfassendes Bestimmungsbuch sollte beim Sammeln nie fehlen.

Im Herbst …

… ist die große Zeit der **Früchte** und **Samen** gekommen. Kein Spaziergang in freier Natur kommt nun ohne Behältnisse zum Sammeln der Schätze am Wegesrand aus. Schließlich ziehen sich die Pflanzensäfte wieder zurück in ihre unterirdischen Speicherorgane und damit ist es die richtige Zeit, ans Ernten von **Wurzeln** zu denken, in denen nun die Lebenskräfte der Pflanzen konzentriert sind. Die ersten warmfeuchten Tage lassen allerorts die **Pilze** aus dem Boden sprießen.

Im Winter …

… ist in unseren Breiten die Ruhezeit in der Natur. Bis auf wenige **Pilze** wie Winterpilz, Judasohr und Austern-Seitling ist draußen nicht viel Nahrhaftes zu finden. Zeit, unsere angelegten Vorräte wie Tees, Kräutersalze und selbst angesetzte Liköre aus den Zeiten der Fülle zu genießen!

Die richtigen Ausstattung

Zum Schneiden von Kräutern benutzen wir eine Schere und schneiden damit stets nur das junge, obere Drittel der Pflanze ab. So verhindern wir ein versehentliches Beschädigen oder gar Herausrausreißen der Wurzeln. Zum Transport von Kräutern bevorzugen wir Flexikörbe, Eimer oder Weidenkörbe. Weniger bewährt haben sich hierfür Beutel oder Tüten, in denen die Pflanzen zerquetscht werden könnten. Denn durch die austretende Feuchtigkeit gehen zum einen Wirkstoffe verloren und zum anderen werden dadurch möglicherweise auch Schimmelprozesse in Gang gesetzt. Zum Ernten von Brennnesseln sollten Sie Gummihandschuhe auf keinen Fall vergessen!

Für die Ernte von Beeren und anderen Früchten brauchen Sie nichts weiter als einen einfachen Henkeleimer zum Transport der Früchte. Wo Früchte sehr hoch am Strauch hängen, nehmen wir auch gern eine Gartenharke mit. Damit lassen sich nach oben weisende Zweige schonend nach unten biegen, ohne sie dabei abzubrechen. Früchte lassen sich in der Regel gut mit den Fingern abknipsen. Wer an dornigen Sträuchern wie Schlehe, Weißdorn oder Sanddorn erntet, sollte feste Arbeitshandschuhe nicht vergessen.

Um in die Pilze zu gehen, sind besonders luftige, weitmaschige Sammelbehältnisse wichtig. Denn Pilze enthalten viel Feuchtigkeit und zermatschen im Nu. Am besten bewährt haben sich bei uns Gartenkörbe aus Draht oder aus Weide. Als ungeeignet erwiesen haben sich hingegen Taschen, Tüten oder Eimer. Das legendäre »Pilzmesser« ist zum Ernten von Pilzen nicht unbedingt nötig, aber hilfreich zum Bestimmen (Schnitte).

Hagebutten enthalten viel Vitamin C und sind lecker!

Kräuter

Wildkräuter sind wunderbar geeignet, um Bekanntes und Herkömmliches in der Küche auf charmante Art und Weise zu ersetzen.

Probieren Sie doch einmal

… statt des »Spritzers Zitrone« einige Blättchen Sauerklee oder Wiesen-Knöterich.

… statt Feldsalat die Blätter vom Gänseblümchen.

… statt Petersilie junge Blätter von Giersch oder Wiesen-Pastinak.

… statt Pfeffer die Blüten vom Schnittlauch oder die Samen vom Wiesenkerbel.

… statt Senf die Samen von Knoblauchsrauke oder Blätter vom Acker-Senf.

… statt Kapern die eingelegten Knospen von Wiesen-Margerite, Löwenzahn oder Nachtkerze.

… statt Nüssen die Samen von Brennnesseln oder Bucheckern.

… statt Pizza-Gewürz die Blüten und Blätter vom Wilden Dost.

Hirtentäschel, Herzelkraut

Capsella bursa-pastoris

J F M A M J J A S O N D

Was wird gesammelt? Blätter, Knospen, Blüten, Samentaschen, Samen und Wurzeln sind essbar. Die Rosettenblätter am besten vor der Blütezeit ernten, da sie mit der Blüte zu welken beginnen. Auch die Wurzeln sollten vor der Blütezeit ausgegraben werden, dann sind sie noch zart und saftig.

Merkmale: 10–50 cm hohes »Ackerunkraut«; ganzjährig blühend. Oftmals gleichzeitig Blüten und Früchte an ein und derselben Pflanze. Kleine, weiße Blüten aus 4 Blütenblättern gehäuft an der Spitze des Stängels. Blätter klein, dabei Löwenzahnähnlich in grundständiger Rosette. Nur wenige, ganzrandige Stängelblätter. Charakteristisch: 5 mm große Früchte in Form grüner, flacher Herzen (»Herzelkraut«). Darin bis zu 24 winzige, gelbliche Samen. Dünne, bis 1 m tief in den Boden reichende Wurzel.

Standort: Sehr häufig auf offenen, nährstoffreichen Böden an Wegrändern, auf Äckern, in Gärten und auf Ödland. Bevorzugt sonnige Standorte.

Tipps zur Verwendung: Die Blätter schmecken ähnlich wie Kresse scharf-würzig und passen roh in Salate und Kräuterquarks; auch getrocknet und fein zerrieben verlieren sie nicht ihr Aroma. Die 1 mm großen, gelblichen Samen sind senfartig-scharf und dienen als gute Alternative zu Pfefferkörnern. Blüten und Samentaschen eignen sich zum dekorativen Überstreuen von Gerichten. Die Wurzel kann gesäubert und fein gehackt roh Salaten beigegeben werden. Im Geschmack erinnert sie an Ingwer.

Wissenswertes: Hirtentäschel ist ein guter Vitamin-C-Lieferant. Wichtig! Während der Schwangerschaft sollte es nicht eingenommen werden, da es Blutgefäße und die Gebärmutter anregt!

Knoblauchsrauke, Lauchkraut

Alliaria petiolata

J F M **A M J J A S O** N D

Was wird gesammelt? Die Blätter schmecken mild-knoblauchartig, und wem der Bärlauch zu intensiv ist, sollte es unbedingt mit Knoblauchsrauke probieren. Auch Blüten, frische Samenhülsen, Samen und Wurzel werden genutzt. So steht uns die Knoblauchsrauke vom Frühjahr bis in den Herbst hinein in der Küche zur Verfügung.

Merkmale: 20–100 cm hohes Kraut; Blütezeit April–Juni. Blüten klein, weiß, gehäuft an der Spitze des kantigen Stängels. Blätter breit-herzförmig, mit grob gekerbtem Rand. Verströmen zerrieben einen knoblauchartigen Duft. Samen schwarz-bräunlich in bis zu 7 cm langen, dünnen Schoten.

Standort: Häufig an schattigen Rändern von Wäldern und Hecken, in verwilderten Gärten. Braucht nährstoffreiche, lockere, feuchte Böden und gedeiht gut im Halbschatten.

Tipps zur Verwendung: Junge Blätter (auch der bereits blühenden Pflanze) und junge Samenhülsen geben im April und Mai Frühlingssalaten, Kräuterquark-Dips, Kräuterbutter und Pestos einen leicht scharfen Knoblauchgeschmack. Die zarten Blüten liefern eine süßliche, essbare Dekoration. Im Juni und Juli können reife Samen aus den Schoten geerntet und zu einem »Wilden Senf« verarbeitet werden (Seite 171). Getrocknete Samen ergeben, vermischt mit Samen vom Bärlauch (Seite 24), ein wunderbares Knoblauchgewürz (in der Pfeffermühle fein mahlen). Von August bis Oktober ist es Zeit, die weißlichen, etwa fingerdicken Wurzeln zu sammeln: klein geschnitten in Olivenöl angebraten, geben sie der Gemüsepfanne eine pfeffrige Note.

Wissenswertes: In mittelalterlichen Bauerngärten wurde die Würz- und Heilpflanze gerne ausgesät.

Echte Brunnenkresse

Nasturtium officinale

J F M **A M J J A S O** N D

Was wird gesammelt? Die senfartig-scharf schmeckenden Blätter (gründlich unter fließend Wasser abbrausen) sowie die eher süßlich schmeckenden Blüten können von April bis August geerntet werden; im September und Oktober sind die Samen reif.

Merkmale: 30–80 cm hohe, wintergrüne Staude; Blütezeit April–August. Zahlreiche weiße, 5–10 mm große Blüten stehen büschelig an der Spitze des hohlen, runden Stängels; je 4 kreuzförmig angeordnete Blütenblätter. Grüne Blätter gefiedert, Endfieder am größten und mit ungleichmäßig geschwungenem Rand. Die Samen reifen 2-reihig in bis zu 2 cm langen, dünnen Schoten heran.

Standort: Ufer kühler, schlammiger Bäche und Gräben; auch in Quellbereichen, im Röhricht und auf nassen Wiesen.

Tipps zur Verwendung: Brunnenkresse ist aufgrund ihres hohen Vitamin-C-Gehalts und des scharfwürzigen Geschmacks nicht aus der Wildgemüseküche wegzudenken. Ihre Blätter und Blüten bereichern Salate, Pestos und Quarks. Sie werden kurz vor dem Servieren über Suppen, Gemüse und Aufläufe gestreut. Beim Kochen und Trocknen verliert sich ihr Aroma, besser Einfrieren. Die pfeffrig-scharfen Samen können als Pfefferersatz genutzt oder, wie die Samen von Knoblauchsrauke und Hirtentäschel, zu Senf verarbeitet werden (Seite 171).

Wissenswertes: Senföle verleihen der Brunnenkresse ihren scharfen Geschmack. Sie finden sich übrigens auch in etlichen näheren Verwandten wie der Knoblauchsrauke (Seite 19) und dem Hirtentäschel (Seite 18). Magenempfindliche Menschen sollten nicht zu viele Senföle zu sich nehmen.

Waldmeister, Maikraut

Galium odoratum

J F M **A M** J J A S O N D

Was wird gesammelt? Hinter dem unscheinbaren Waldkräutlein verbirgt sich der populäre Aromalieferant für Waldmeisterbowle und -pudding! Oft ist es möglich, neben blühenden auch nicht erblühte Exemplare zu finden. Von diesen schneidet man einige mit der Schere kurz über dem Boden ab, wobei für eine traditionelle Waldmeisterbowle nicht mehr als 2–3 Stängel benötigt werden. Achtung! Die Blätter sind nicht zum Verzehr geeignet! Sie werden lediglich zum Aromatisieren von Getränken und Speisen genutzt.

Merkmale: 5–25 cm hohe Gewürzstaude; Blütezeit April–Mai. Kleine, weiße Blüten aus 4 Blütenblättern, stets zu mehreren an der Spitze des 4-kantigen Stängels. Charakteristisch: Die 2–4 cm langen, schmalen Blätter stehen fein säuberlich angeordnet in Quirlen aus 6–9 Blättern übereinander.

Standort: Bildet auf mullreichen Lehmböden in schattigen Laub- und Mischwäldern oftmals größere Bestände.

Tipps zur Verwendung: Waldmeister vor der Verwendung mindestens 1 Stunde lang anwelken lassen, denn erst beim Trocknen entfaltet sich das volle Aroma. Zum aromatisieren von Wein, Sekt, Apfelsaft und Süßspeisen werden die angewelkten Stängel kopfüber einige Minuten lang »eingetunkt«; dabei nicht die Stängelenden eintauchen, sonst wird es leicht bitter. Waldmeister kann auch komplett getrocknet und aufbewahrt werden, er gilt als guter Tee gegen Schlaflosigkeit und kann nebenbei als duftender Badezusatz dienen.

Wissenswertes: Waldmeister bitte nur in Maßen genießen, da es wegen des enthaltenen Kumarins zu Kopfschmerzen kommen kann.

Vogelmiere

Stellaria media

J F M A M J J A S O N D

Was wird gesammelt? Die saftigen Triebe lassen sich leicht mit den Fingernägeln abknipsen. Zu Hause werden nach dem Abbrausen dann die Blättchen von den recht faserreichen und dadurch eher weniger schmackhaften Stängeln gezupft. Auch die kleinen Blüten und Blütenknospen können mitgegessen werden.

Merkmale: 5–30 cm hohes, häufiges »Unkraut«; Blütezeit ganzjährig. Kleine, weiße Blüten mit 5 tief geschlitzten Blütenblättern. Stängel kriechend, verzweigt und drehrund. Blätter 1–4 cm, oval, am Blattende in eine Spitze auslaufend. Treibt schnell neue Wurzeln aus, sodass sich der kriechende Stängel rasch zum Bodendecker ausbreitet.

Standort: Bildet als »Unkraut« auf Beeten, Äckern und Weinbergen sowie an Ufern oftmals richtige Rasen aus.

Tipps zur Verwendung: Vogelmiere bereichert die Wildkräuterküche rund ums Jahr, denn die Blätter werden auch spät im Jahr nicht bitter und gedeihen sogar unter einer Schneedecke. Sie schmecken saftig maisartig bis nussig und bereichern roh allerlei Salate, Pestos, Quarks oder Kräuterbutter (Seite 169). Gekocht passen sie in Suppen, Knödel, Aufläufe und in Quiches. Besonders zu empfehlen ist ein vitaminreicher Wintersalat aus Vogelmiere, Hirtentäschel (Seite 18), Gänseblümchen (Seite 35) und im Winter vereinzelt zu findenden Blättern von Löwenzahn (Seite 55) und Spitz-Wegerich (Seite 81).

Wissenswertes: Begleitet nicht umsonst die Wildkräuterküche schon seit der Steinzeit. Es enthält neben Vitamin C auch viel Vitamin A, daneben Eisen, Kalzium, Magnesium, Zink und weitere Mineralien.

Taubenkropf-Leimkraut

Silene vulgaris

J F M **A** **M** J J A S O N D

Was wird gesammelt? Die jungen Triebe mit noch frischgrünen Blättern werden möglichst im Frühling vor der Blütezeit geerntet. Bald treibt die Pflanze dann neue Blätter aus (so lässt sich bei einem bekannten Standort die Erntezeit bis in den Juli hinein ausdehnen). Ältere Blätter blühender Triebe schmecken eher fasrig und leicht bitter. Die Art ist in der Lage, auf schwermetallhaltigen Abraumhalden zu gedeihen, indem sie Schwermetalle in Blättern und Wurzeln fixiert. Hier bitte keinesfalls ernten!

Merkmale: 20–50 cm hohe Staude; Blütezeit Juni–August. Blüten weiß, 1–2 cm groß, aus 5 tief geschlitzten Blütenblättern mit dick aufgeblasenem Kelch. Blätter bis 5 cm lang und 1 cm breit, blaugrün, ungestielt, stehen sich stets gegenüber und entspringen einem Knoten am Stängel.

Standort: Trockene, sonnige und nährstoffarme Magerwiesen, sonnenexponierte Gebüsche, Waldränder, Ödland und Abraumhalden.

Tipps zur Verwendung: Die Blätter können roh Salaten beigegeben oder die ganzen Triebe gedünstet als Rahmspinat-ähnliches Wildgemüse zubereitet werden. Als Gewürz verfeinern sie Risottos, Pizzas, Nudelgerichte, Omelettes, Quiches und Suppen.

Wissenswertes: Bei uns weitgehend in Vergessenheit geraten, zählt das Wildgemüse unter dem Namen »Sclopit« (Seite 163) oder auch »Stridoli« und »Strigoli« zu den geschätzten Delikatessen der italienischen Küche. Roh schmeckt es ähnlich wie Chicorée, wobei die leichte Bitterkeit sich beim Dünsten verliert. Dann erinnert der Geschmack eher an junge Erbsen oder Nüsse.

Bärlauch

Allium ursinum

J **F M A M J J A S O** N D

Was wird gesammelt? Junge Blätter von Februar bis Mai mit der Schere unten am Blattstiel abschneiden. Ab April können Blütenknospen und Blüten hinzugenommen werden. Ab Mai finden sich die ersten, unreifen Früchte mit den darin enthaltenen, schmackhaften weißlichen Samen. Sind diese schwarz und reif, werden sie fein gemahlen verwendet. Wenn ab Juni die Blätter vergilben, beginnt die Zeit der Zwiebelernte.

Merkmale: 15–50 cm hohes Zwiebelgewächs; Blütezeit April–Juni. Kugeliger Blütenstand aus sternförmigen weißen Blüten an der Spitze des blattlosen Stängels. Meist 2 lang gestielte, bis 5 cm breite Blätter, die beim Zerreiben nach Knoblauch duften.

Standort: Halbschattige Laubwälder mit feuchten, lockeren Böden; hier bildet er oft richtige Teppiche aus; in Norddeutschland eher seltener.

Tipps zur Verwendung: Bärlauch eignet sich als Frühjahrskur sowie zur Darmsanierung. Alle Teile, selbst die zarten Blüten, schmecken knoblauchartig-scharf und werden am besten roh genossen, da sich der Geschmack beim Kochen etwas verliert. Gut geeignet für Salate, Pestos, Bärlauchbrote, Kräuterbutter und Quarks sowie konserviert als Knoblauchöl (Seite 172–173). Die getrockneten Samen lassen sich in der Pfeffermühle vermahlen.

Wissenswertes: Achtung! Bärlauch-Blätter besitzen mehrere sehr giftige Doppelgänger wie Aronstab, Maiglöckchen und Herbstzeitlose (Seite 86–87). Wichtig: Blätter müssen beim Zerreiben nach Knoblauch riechen! Auf Nummer sicher geht, wer nur in dichten Beständen erntet, wo bereits einige Exemplare blühen, oder sich einige Pflanzen in den eigenen Garten setzt.

Wald-Sauerklee

Oxalis acetosella

J F M A M J J A S O N D

Was wird gesammelt? Die Blätter können praktisch das ganze Jahr über gesammelt werden. Blüten finden sich von April bis Mai, gebietsweise auch noch im Juni.

Merkmale: 5–15 cm hohe Staude; Blütezeit April bis Mai. Blüten weißlichrosa, mit lila Streifen. Kleeartige Blätter aus 3 verkehrt-herzförmigen Einzelblättern, oft nach unten zusammengeklappt.

Standort: Schattige, nährstoffreiche Laub- und Nadelwälder.

Tipps zur Verwendung: Mit ihrem säuerlichen Geschmack sind frisch geerntete, fein gehackte Blätter eine gute Alternative zu Essig und Zitrone in Saucen, Kräuterquarks und Smoothies (Seite 164). Besonders gut passen sie auch in helle Fischsaucen. Tipp: Überstreuen Sie Gerichte zum Schluss mit einigen ganzen Blättern und Blüten.

Wissenswertes: Da die Pflanzen neben viel Vitamin C auch Oxalsäure enthalten, sollte Wald-Sauerklee nur in Maßen genossen werden. Achtung! Nicht mit dem zeitgleich blühenden Buschwindröschen verwechseln!

Das giftige Buschwindröschen hat größere, geschlitzte Blätter.

Weiße Taubnessel

Lamium album

J F **M A M J J A S O** N D

Was wird gesammelt? Die honigsüßen Blüten können von Frühjahr bis in den Herbst hinein praktisch auf jedem Spaziergang geerntet werden und sind damit aus der alltäglichen Wildkräuterküche kaum wegzudenken. Sie schmecken frisch verzehrt, eignen sich aber auch hervorragend zum Trocknen. Außerdem finden die obersten 5–6, noch jungen Stängelblätter Verwendung. Am einfachsten ist es, sie mit den Fingern abzuknipsen.

Merkmale: 20–50 cm hohe Staude; Blütezeit April bis Oktober. Blüten weiß, 2–2,5 cm lang und stets dicht beieinander in den Achseln der Blätter. Stängel kantig. Charakteristisch: Erinnert mit ihren Blättern an die Brennnessel, ist aber von dieser leicht durch die auffälligen Blüten zu unterscheiden!

Standort: Häufig an sonnigen bis halbschattigen Wegrändern, Zäunen, Mauern und Gebüschen.

Tipps zur Verwendung: Die süß schmeckenden Blüten liefern frisch eine essbare Dekoration in Süßspeisen, Salaten oder auf bunten Butterbroten (Seite 165). Getrocknet lässt sich aus ihnen, vermischt mit Huflattich-Blüten und Veilchen-Blättern, ein guter, schleimlösender Hustentee mischen. Beliebt sind die getrockneten Blüten auch in reinigenden Räuchermischungen (Seite 179) zusammen mit Wasser-Minze, Wiesen-Salbei und Feld-Thymian. Die herb-aromatischen Blätter würzen Salate und Aufläufe. Traditionell sind sie Bestandteil der »Gründonnerstagssuppe« (Seite 160). Getrocknet und zermörsert passen sie gut in Kräutersalze (Seite 168).

Wissenswertes: Violett blühende Taubnesseln (Seite 61) sind ebenso verwendbar, nur gibt es bei diesen einige weniger wohlschmeckende (wenn auch ungiftige) Doppelgänger.

Gewöhnlicher Augentrost

Euphrasia officinalis

J F M A **M J J A S O** N D

Was wird gesammelt? Das ganze blühende Kraut wird mit der Schere unten am Stängelansatz geschnitten. Zur Verwendung kommt der gesamte Trieb mitsamt Stängel, Blüten und Blättern. Er kann entweder frisch verwendet oder getrocknet genutzt werden.

Merkmale: 5–25 cm hohes Kraut; Blütezeit Mai bis Oktober. Blüten bis 1,5 cm groß und bei genauerem Hinsehen auffällig dreifarbig: weiß, lila und gelb. Blätter 1–2 cm lang, erinnern an kleine Brennnessel-Blätter, brennen aber nicht.

Standort: Trockene, kalkarme Wiesen, Wegränder und Lichtungen. Häufig an und auf ungedüngten Bergwiesen, im Tiefland eher selten.

Tipps zur Verwendung: Seine Gerb- und Bitterstoffe verleihen dem kleinen Kraut entzündungshemmende und magenberuhigende Eigenschaften. Als Tee oder bei der Inhalation reinigt es die Schleimhäute auf natürliche Weise und wird deshalb gegen Husten und Schnupfen verabreicht. Auch gegen Magenverstimmungen kommt ein Tee aus frischem oder getrocknetem Kraut zum Einsatz. Fügt man dem erkalteten Tee einige Körnchen Salz hinzu, so hat man eine hervorragende, äußerlich anzuwendende Lösung gegen gereizte, entzündete Augen: einfach 2 Wattebäusche darin tränken und auf die Augen legen.

Wissenswertes: Schon in alten Kräuterbüchern ist zu lesen, dass der Augentrost die Sehkraft zurückbringen und vor dem Gebrauch von Brillen schützen soll. Darauf verweisen auch zahlreiche seiner Namen: In Frankreich heißt er »casse-lunettes« (»Brillenbrecher«), in Italien »luminella« (»Licht für die Augen«) und in England »eyebright« (»Augenglanz«).

Echtes Mädesüß

Filipendula ulmaria

J F M A **M J J A** S O N D

Was wird gesammelt? Die oberen Triebspitzen mit den Blütendolden. Traditionell ist der beste Zeitpunkt im Jahr hierfür die Sommersonnenwende (um den 21. Juni). Frisch verwenden oder in kleinen Sträußen zum Trocknen kopfüber an einem schattigen Ort aufhängen.

Merkmale: 0,5–2 m hohe Staude; Blütezeit Juni bis August. Unzählige, winzige, gelblichweiße Blüten dicht gehäuft an der Spitze des blutroten, kantigen Stängels. Charakteristisch: Blüten ähneln denen des Holunders und duften intensiv mandelartig süß. Blätter fiederteilig mit gesägtem Rand.

Standort: Wächst nur an feuchten bis nassen Standorten: an Grabenrändern, Ufern, auf sumpfigen Wiesen und in lichten Auwäldern.

Tipps zur Verwendung: Das Mädesüß war eine der geheiligten Pflanzen der keltischen Druiden. In ihm finden sich wertvolle Gerbstoffe, ätherische Öle und Salicylsäure-Verbindungen, die im Körper zur schmerzstillenden und entzündungshemmenden Acetylsalicylsäure (»Aspirin«) aufgespalten werden, die magenschonend wirksam ist. So hilft ein Tee aus Blüten gegen Kopfweh, Erkältungen und Rheuma. 1 Handvoll Mädesüß-Blüten, kurz in Milch aufgekocht und daraus ein Vanillepudding gekocht (Blüten absieben), gibt ein feines Aroma. Tipp: erkalteten Pudding mit Blüten überstreuen. Auch Essig (Seite 172–173), Sahne oder Weißwein nehmen das mandelartige Aroma an, wenn man die Blüten einige Stunden darin ziehen lässt. Die Blüten passen in Räuchermischungen (Seite 179) mit Kamille und Beifuß.

Wissenswertes: Achtung! Nicht bei Überempfindlichkeit gegen Acetylsalicylsäure anwenden.

Wilde Möhre

Daucus carota

J F M **A M J J A S O** N D

Was wird gesammelt? Das ganze Kraut, von der Blüte bis zur Wurzel, ist essbar und gesund. Dabei sind Blätter und Stängel in den Monaten April bis Juni am bekömmlichsten; voll erblühte Blüten finden wir von Juni bis September. Die reifen, an Fenchel erinnernden Samen sind ab September bis in den November hinein zu finden. Dies ist auch die richtige Zeit zur Ernte der Wurzel; doch aufgepasst: Nur Wurzeln der einjährigen Pflanzen, die noch nicht geblüht haben und nur eine Blattrosette tragen, sind genießbar. Im zweiten Jahr schmecken sie holzig und bitter.

Merkmale: 30–100 cm hohes, zweijähriges Kraut; Blütezeit Mai–September. Zahlreiche, winzige Blüten in einer flachen Blütendolde mit typischer, schwarzer »Mohrenblüte« in der Mitte. Stängel behaart, Blätter fein gefiedert, duften zerrieben nach Karotten. Charakteristisch: Vor und nach der Blüte rollt sich die Dolde vogelnestartig zusammen. Wurzel bleich und dünn.

Standort: Trockene Wiesen, Wegränder und Ödland.

Tipps zur Verwendung: Bitte nur ernten, wer die Art zweifelsfrei erkennt! Blätter, Stängel und Wurzel schmecken roh oder gedünstet fein nach Karotten. Aus den Samen lässt sich ein bekömmlicher Magentee (ähnlich Fencheltee) bereiten. Die Blüten eignen sich als essbare Dekoration.

Wissenswertes: Achtung! Die Wilde Möhre hat mehrere sehr giftige Doppelgänger wie den gefleckten Schierling und die Hundspetersilie (Seite 86). Immer auf die schwarze »Mohrenblüte« achten sowie auf den Möhrenduft der Blätter! Im Zweifelsfall bitte stehen lassen.

Giersch, Dreiblatt

Aegopodium podagraria

J **F M A M J J A S** O N D

Was wird gesammelt? Von unschätzbarem Wert sind seine zarten, sich bereits im Februar entfaltenden Blättchen: Sie schmecken wie Krause Petersilie mit einem leichten Nachgeschmack von Sellerie. Giersch darf großzügig geerntet werden, da er immer wieder neu austreibt. Blütenknospen und Blüten ab Mai. Die würzigen Samen finden sich ab Juli bis in den Herbst.

Merkmale: 50–100 cm hohe Staude; Blütezeit Mai-August. Blüten klein, weiß, in einer Blütendolde an den Stängelspitzen. Charakteristisch: Blätter dreiteilig, Blattstiele im Querschnitt dreieckig, Blätter duften beim Zerreiben nach einer Mischung aus Petersilie, Möhre und Sellerie. Samen ähnlich Fenchel-Samen.

Standort: Sehr häufig an halbschattigen Waldrändern, unter Gebüsch und in verwilderten Gärten.

Tipps zur Verwendung: Giersch ist aufgrund zahlreicher wertvoller Inhaltsstoffe wie Eisen, Kalium, Magnesium, Kalzium, Zink, Vitamin C und A ein gesundes Wildgemüse. Junge Blätter passen roh in Salate, Smoothies (Seite 164), Quarks, Pestos (Seite 175), gekocht in die Gründonnerstagssupe (Seite 160), als Petersilienersatz auf Kartoffeln, in Quiches, grüne Saucen, Chutneys (Seite 92) und getrocknet in Kräutersalze. Die süßlichen Blütenknospen und Blüten schmecken gut als essbare Dekoration oder eingelegt in Öl (Seite 172), die leicht scharfen Samen liefern ein Würzmittel.

Wissenswertes: Achtung! Von zahlreichen ähnlichen, z. T. sehr giftigen Doldenblütlern (Seite 86) am sichersten anhand des kahlen Stängels und der dreieckigen Blattstiele in Kombination mit 3-zähliger Blattform und Geruch der Blätter zu unterscheiden.

Wiesenkerbel, Wilder Kerbel

Anthriscus sylvestris

J F M **A M J J** A S O N D

Was wird gesammelt? Achtung! Blätter, Stängel und Blüten sind essbar, sollten jedoch nur von Sachkundigen gesammelt werden, da der Wiesenkerbel leider mehrere sehr ähnliche, hochgiftige Doppelgänger hat (Seite 86)! Blätter und Stängel schmecken nach einer Mischung aus Möhre und Petersilie. Möglichst vor der Blütezeit schneiden, da sie später an Aroma verlieren. Die süßlich schmeckenden Blüten und Blütenknospen finden sich bereits im April.

Merkmale: 60–150 cm hohe Staude; Blütezeit April–Juli. Blüten klein, weiß, in einer Dolde an der Stängelspitze. Blätter 2- bis 3-fach gefiedert. Charakteristisch: Blätter duften nach Möhren. Stängel grün, ohne rötliche Flecken (!), mit Längsrillen. Oben kahl, unten meist behaart. Vorsicht! Bei empfindlichen Personen kann es nach Berührung der Blätter zu hauttoxischen Reaktionen kommen.

Standort: Überzieht im Juni Wegränder und gedüngte Wiesen mit einem duftigen, weißen Schleier.

Tipps zur Verwendung: Junge Stängel liefern im Mai, einfach leicht gedünstet, ein aromareiches Wildgemüse. Die Blätter schmecken am besten roh in Salaten, Quarks und grünen, kalt gerührten Saucen (Seite 163) zu Pellkartoffeln. Sehr gut passen klein gehackte Blätter in Kräuterbutter (Seite 169) und als Geschmacksgeber in selbst angesetzte Öle (Seite 172). Die zarten Blüten werden zum Überstreuen von Gerichten genutzt.

Wissenswertes: Wegen der Verwechslungsgefahr mit verschiedenen ähnlichen, giftigen Doldenblütlern (Seite 86) ist es ratsam, Wiesenkerbel lieber aus sicheren Quellen als Saatgut zu bestellen und auszusäen.

Wiesen-Bärenklau

Heracleum sphondylium

J F M **A M J J A S** O N D

Was wird gesammelt? Achtung! Sollte, wie die meisten der sich stark ähnelnden Doldenblütler, nur von Kennern gesammelt werden. Die Blätter ernten Sie am besten im April und Mai, zartgrün und leicht zerknittert, noch bevor die Stängel aus der Blattrosette austreiben. Stängel und Blütenknospen ab Juni. Die linsenförmigen Samen von Juli bis September.

Merkmale: 50–150 cm hohe, kräftige Staude; Blütezeit Juni–September. Blüten klein, weiß bis hellrosa, in 20 cm großer Blütendolde, stinken nach Aas. Charakteristisch: Stängel bis 2 cm dick, borstig behaart, ohne rötliche Flecken! Blätter »bärentatzenartig«, dicht behaart, lappig zerteilt. Auffällig sind die bauchig aufgeblasenen Blattscheiden am Stängel.

Standort: Nährstoffreiche, nicht zu trockene Wiesen, Wegränder und Böschungen.

Tipps zur Verwendung: Junge, zarte, süßlich schmeckende Stängel, Blattstiele und Blätter 4–5 Minuten dünsten, abkühlen lassen und mit einem Dressing aus Öl, etwas Zitronensaft, Knoblauchsrauke, Sauerklee und etwas Salz servieren – köstlich! Junge Blätter passen klein gehackt auch in Frühlingssalate und Pestos (Seite 175). Ältere, borstig behaarte Stängel vor dem Kochen besser schälen (Gummihandschuhe, s. u.!). Noch nicht geöffnete Blütenstände dienen als wilder Brokkoli in Aufläufen und Gemüsepfannen. Grünliche Samenstände schmecken pfeffrig und würzen Salate, Suppen, Quiches und Quarks. Ein Tee aus getrockneten Blättern wirkt gegen festsitzenden Husten.

Wissenswertes: Achtung! Die Berührung der Pflanze kann bei empfindlichen Menschen Sonnenbrand-ähnliche Hautirritationen hervorrufen.

Wilde Engelwurz, Wald-Engelwurz

Angelica sylvestris

J F M A **M J J A S O** N D

Was wird gesammelt? Junge Triebe am besten im Mai/Juni vor der Blütezeit ernten (bevor sich die Stängel mit den dicken, gefalteten Knospen aus der Blattrosette schieben). Jetzt sind sie noch elastisch und können roh genossen werden. Kümmelähnliche Samen ab September. Ab Oktober kann die Wurzel ausgegraben werden.

Merkmale: 50–200 cm hohe, kräftige Staude; Blütezeit Juli–September. Blüten klein, weiß bis rötlich, in mächtigen, bis zu 20 cm großen Blütendolden. Blätter fiederteilig, Blattstiele lang, oberseits rinnig vertieft. Stängel längs gestreift, innen hohl, oft violett überlaufen und weißlich bereift. Vom Bärenklau und dem giftigen Gefleckten Schierling (Seite 86) am besten durch angenehm duftende Blüten (Bärenklau und Gefleckter Schierling stinken nach Aas) sowie die Blattform zu unterscheiden.

Standort: Wächst an Ufern, in schattigen, feuchten Wäldern und Feuchtwiesen.

Tipps zur Verwendung: Die »vergessene Wunderpflanze« stärkt mit reichlich gesunden Bitterstoffen, ätherischen Ölen und Gerbstoffen (Seite 180 bis 181) Magen, Lunge und Nerven, wobei sich die größten Konzentrationen in Früchten und Wurzeln finden. Trocknen, zerkleinern und als Tee genießen oder Bitterschnäpsen und -likören beifügen (Seite 173). Blätter und Stiele werden sellerieartig Salaten und Suppen beigemengt. Wurzeln und Samen eignen sich gut zum Verräuchern (Seite 179).

Wissenswertes: Die sehr ähnliche, seltenere Arznei-Engelwurz *(Angelica archangelica)* wird bis zu 250 cm hoch; ihr Stängel ist am Grund bis zu armdick, die Blattstiele sind rund. Sie weist dieselben Inhaltsstoffe auf und kann ebenso verwendet werden.

Wiesen-Schafgarbe

Achillea millefolium

J F M A M **J J A** S O N D

Was wird gesammelt? Möglichst junge Blätter und Blüten.

Merkmale: 20–60 cm hohe Staude; Blütezeit Juni–September. Blüten klein, weiß bis rosa, in einer flachen Dolde. Charakteristisch: Blätter sehr fein gefiedert, erinnern an Augenbrauen.

Standort: Sehr häufig auf nicht zu feuchten Wiesen und an Wegrändern.

Tipps zur Verwendung: »Garbe« bedeutet »die Heilende« und tatsächlich zählt die Schafgarbe zu den ältesten und wirksamsten Heilpfanzen, die bereits bei den keltischen Druiden und Indianern Verwendung fand. Ihre Bitterstoffe, Gerbstoffe, Kieselsäure, Mineralien und ätherischen Öle (Seite 180) sind innerlich wirksam zur Entkrampfung und Bekämpfung von Entzündungen, unterstützen die Verdauung und bekämpfen Erschöpfungszustände. Äußerlich aufgetragen, wirken sie wundheilend (»Soldatenkraut«). Junge Blüten und Blätter schmecken leicht bitter bis scharf und passen sparsam dosiert frisch als Würzkraut in Quarks, Tomatensaucen, in Kräuterbutter (Seite 169), auf Brot, in Smoothies (Seite 164), Kräuterlimonaden, Salate, Suppen (Seite 160–161), Aufläufe und Kräuterliköre. Auch getrocknet entfaltet die Schafgarbe ihre Wirksamkeit in Tees, pulverisiert in warmem Wein oder als Kräuterkompresse auf Wunden. Verräuchert (Seite 179) verströmt sie einen feinwürzigen Duft.

Wissenswertes: Achtung! Die Pflanzensäfte der Schafgarbe können bei Allergikern juckende Hautausschläge (»Wiesendermatitis) verursachen; insbesondere gilt dies in Verbindung mit Sonneneinstrahlung. Auch für Schwangere und Säuglinge ist Schafgarbe nicht zu empfehlen.

Gänseblümchen

Bellis perennis

J F M A M J J A S O N D

Was wird gesammelt? Blätter, Knospen und Blüten können das ganze Jahr über gefunden und geerntet werden, allerdings schmecken die Blätter im Frühjahr am besten.

Merkmale: 5–15 cm hohe Staude, Blütezeit ganzjährig, sogar mitten im Winter. Blüten außen weiß, innen gelb, einzeln an der dünnen, behaarten Stängelspitze. Blätter spatelförmig in grundständiger Rosette. Auf Rasen oft so dicht am Boden, dass der Rasenmäher sie unversehrt lässt. Typisch: Der gelbe Blütenboden ist innen kegelförmig hohl.

Standort: Blüht oft massenhaft auf Rasen und nährstoffreichen Wiesen und Wegrändern.

Tipps zur Verwendung: Die Blätter mit ihrem milden Geschmack dienen als wunderbarer Feldsalat-Ersatz im zeitigen Frühjahr und eignen sich auch gut zum untermischen in andere Salate. Die nussigen Blütenknospen schmecken lecker eingelegt als Kapern (Seite 171). Blätter, Knospen und voll geöffnete Blüten passen außerdem in Pestos (Seite 175), Kartoffelsuppen und in Kräutersuppen (Seite 160). Voll geöffnete Blüten sind eine schöne Abwechslung auf Butterbrötchen, in Salaten sowie überstreut auf Quiches und Aufläufen. Getrocknet liefern sie einen Stoffwechsel-anregenden Heiltee. Ein selbst angesetztes Öl aus 1 Handvoll Blüten hilft gegen trockene Haut. Verrührt man 1 EL des fertigen Öls mit 2 EL süßer Sahne, so erhält man ein gutes, rückfettendes Badeöl.

Wissenswertes: In der Volksmedizin ist das Gänseblümchen, innerlich und äußerlich angewandt, das Kinder-Heilkraut Nr. 1: Kindern, die »nicht recht gedeihen«, die an Husten oder unter juckender Haut leiden, gibt man gern Gänseblümchen.

Echte Kamille

Matricaria chamomilla (Chamomilla recutita)

J F M A **M J J** A S O N D

Was wird gesammelt? Die voll geöffneten Blüten von Mai bis Juli. Frisch verwenden oder locker ausgebreitet (Schimmelgefahr!) im Schatten trocknen lassen.

Merkmale: 15–50 cm hohes Kraut; Blütezeit Mai bis August. Blüten innen gelb, außen weiß, 1,5 bis 2,5 cm groß. Gegen Ende der Blütezeit sind die weißen Zipfel nach unten geschlagen. Charakteristisch: Zerpflückt man eine Blüte, so wird ein feines Aroma frei und das Innere des gelben, länglich-ovalen Bereichs ist hohl. Blätter fein zerschlitzt.

Standort: Wächst auf nährstoffreichen, sonnigen Getreideäckern, Wegrändern und Ödland.

Tipps zur Verwendung: Kamille zählt bei uns zu den bekanntesten Heilpflanzen. So kommt kaum ein Haushalt ohne den legendären Kamillentee aus. Zu Recht, denn insbesondere die Blüten enthalten wertvolle ätherische Öle und zahlreiche weitere wertvolle Inhaltsstoffe. Sie wirken antibakteriell, entzündungshemmend und beruhigend auf Nerven und Muskeln, sogar Ängste lassen sich damit lösen. Ein Tee kann aus getrockneten oder frischen Blüten bereitet werden. Die Blüten schmecken auch frisch auf Butterbrot oder über Salate gestreut lecker. Unbedingt probieren sollten Sie einen Smoothie (Seite 164) aus einer Handvoll frischer Kamille-Blüten mit Giersch-Blättern, Vogelmiere und Banane!

Wissenswertes: Kann auch von Laien leicht erkannt und geerntet werden, da ähnliche Verwechslungsarten nicht aromatisch duften und im Inneren der Blüte auch nicht hohl (s. o.) sind. Sollte es dennoch zu Verwechslungen kommen, ist dies nicht schlimm: Die Doppelgänger der Echten Kamille enthalten allerdings weniger ätherische Öle.

Wiesen-Margerite

Leucanthemum vulgare

J F M **A M J J A S** O N D

Was wird gesammelt? Der beste Erntezeitpunkt für Blätter und Stängel ist im April/Mai, wenn gerade die Stängel mit den Blütenknospen aus der Blattrosette schieben. Nun sind die Triebe noch elastisch und süß. Von der erblühten Staude werden dann nur noch die Blüten abgezupft.

Merkmale: 20–100 cm hohe Staude; Blütezeit Mai–Oktober. Blätter überwiegend in Rosette am Grund, Ränder lappig eingebuchtet oder gezähnt.

Standort: Bildet auf nährstoffreichen Wiesen oft ein üppiges Blütenmeer.

Tipps zur Verwendung: Junge Triebe passen gut zusammen mit Knoblauchsrauke, Scharbockskraut, Gundermann und Giersch in Frühlingssalate. Auch kurz blanchiert und anschließend in Quiches oder Aufläufen verbacken, schmecken sie frühlingshaft frisch. Aus den Knospen lassen sich wunderbar »Falsche Kapern« (Seite 171) zaubern – ein leckeres und besonderes Mitbringsel für gute Freunde. Die dekorativen Blüten verschönern auseinandergezupft Salate und Süßspeisen. Aus ihnen lassen sich zudem im Nu bezaubernde Eiswürfel selbst machen: Eiswürfelbehälter zur Hälfte mit Wasser befüllen, je 1 Blüte einlegen und kurz anfrieren lassen. Zum Schluss bis oben mit Wasser auffüllen und ganz durchfrieren lassen (Foto Seite 169).

Wissenswertes: Achtung! Um an »wilden Standorten« außerhalb des eigenen Gartens Verwechslungen mit dem vor der Blütezeit ähnlichen, giftigen Jakobs-Greiskraut auszuschließen, sollten Sie vor der Ernte der jungen Triebe vorsichtig eine Blütenknospe auseinanderzupfen. Die Blüte muss eindeutig gelb im Inneren und weiß im Randbereich sein! (Das Jakobs-Greiskraut blüht komplett gelb.)

Acker-Senf

Sinapis arvensis

J F M A **M J J A S O** N D

Was wird gesammelt? Blätter vor der Blütezeit, danach werden sie bitter. Knospen, Blüten, grüne Schoten von Mai bis September, danach beginnt die Erntezeit der Samen.

Merkmale: 20–60 cm hohes Kraut; Blütezeit Mai bis Oktober. Blüten gelb, um 1 cm groß, gehäuft an der Stängelspitze. Blätter rau und haarig, gestielt, bis 20 cm lang, am Rand eingebuchtet oder gezackt. Stängel behaart. Schoten 3–4 cm lang, stielrund, kahl, darin etwa 10 kugelige Samen. An der Spitze mit schnabelartigem Abschnitt ohne Samen. Typisch: Sieht aus wie der große Bruder vom Raps (dieser hat bläuliche Blätter und ist unbehaart).

Standort: Nährstoffreiche Acker- und Wegränder, Ödland.

Tipps zur Verwendung: Blätter und junge Schoten schmecken senfartig scharf, daher roh sparsam verwenden. Reife Samen ergeben einen guten Senf (Seite 171) oder werden gemörsert ins Essen gegeben. Blüten und Blätter passen klein gehackt in Kräuterbutter (Seite 169), Tsatsiki, Suppen und Salate, Kräuteröle und Essig (Seite 172).

Wissenswertes: Das ähnliche Barbarakraut *(Barbarea vulgaris)* hat ungestielte Blätter, die den Stängel umfassen. Den Hederich *(Raphanus raphanistrum)* erkennt man an seinen perlschnurartigen Schoten und den violetten, geaderten Blüten. Der Weiße Senf *(Sinapis alba)* hat behaarte Schoten, während die vom Schwarzen Senf *(Brassica nigra)* nur 1–2 cm lang sind. Alle vier können ebenso in der Küche verwendet werden. Ungenießbar ist hingegen der Acker-Schöterich *(Erysimum cheiranthoides)*. Seine Blätter sind schmal-lanzettlich mit nur wenigen Zähnchen am Rand, seine Schoten 4-kantig.

Echtes Labkraut

Galium verum

J F M A **M J J A S** O N D

Was wird gesammelt? Blühende, möglichst junge Triebspitzen an sonnigen Tagen zur Mittagszeit ernten; dann entfalten sie ihr volles Aroma.
Merkmale: 20–70 cm hohe Staude; Blütezeit Mai bis Oktober. Blüten 2–4 mm, goldgelb, in dichten Büscheln, blumig duftend. Blätter nadelartig, 1–2,5 cm lang, stockwerkartig in Quirlen zu 8–12 am Stängel, ähnlich wie beim verwandten Waldmeister. Stängel aufrecht bis niederliegend.
Standort: Sonnige Wiesen mit lehmigen, trockenen bis moorigen Böden.
Tipps zur Verwendung: Labkraut-Blüten möglichst immer frisch verwenden und dann kurz anwelken lassen – so wird das meiste Aroma frei. Nach dem Trocknen jedoch verliert es sich weitgehend. Labkraut ist dafür bekannt, dass es den Stoffwechsel anregt. Die honigartig duftenden Blüten eignen sich zum Aromatisieren von Süßspeisen, Getränken und Blütensalzen (Seite 168), als Brotbelag, in Quarks, zum Überstreuen von Gerichten und für Smoothies (Seite 164). Für eine erfrischende Sommerlimonade hängen Sie ein leicht angewelktes Sträußchen 3–4 Stunden in 1 l Wasser und geben anschließend 1 ausgepresste Zitrone mit 1 EL Zucker oder Stevia verrührt hinzu. Zum Schluss mit 0,5 l Mineralwasser aufspritzen und entweder frische Blüten oder Blüten-Eiswürfel (Seite 37) darin schwimmen lassen. Die Limo färbt sich durch das Labkraut schön gelb.
Wissenswertes: Der Name »Labkraut« rührt daher, dass es ein Labferment enthält. Dieses bringt Milch zum Gerinnen und findet heute noch Verwendung bei der Herstellung von griechischem Schafkäse und dem englischen, durch das Labkraut gelblich-orange gefärbten Chester.

Gewöhnliche Nachtkerze

Oenothera biennis

J F M **A M J J A S O** N D

Was wird gesammelt? Die gesamte Pflanze: Knospen, Blüten, Blätter, Wurzel und Samen sind essbar und überaus gesund. Blätter und Wurzel vor der Blütezeit (April–Mai) ernten (hat sich erst der Blütenstängel aus der Blattrosette geschoben, wird die Wurzel hart). Die Samen werden vollreif geerntet (September–Oktober).

Merkmale: 50–200 cm hohes Kraut; Blütezeit Juni–September. Blüten gelb, 3–8 cm groß, öffnen sich in der Dämmerung (Name), duftend. Blätter lanzettlich, am Rand gesägt. Im ersten Jahr nur eine Blattrosette am Grund, der Blütenstängel erscheint im darauf folgenden Jahr. Wurzel rübenartig, bis 20 cm lang, weiß bis rötlich, gekocht schinkenrot. Zahlreiche Samen in filzigen, 3 cm langen, kantigen Kapseln.

Standort: Auf sandig-kiesigem Ödland.

Tipps zur Verwendung: Alle Teile der Pflanze enthalten wertvolle, für den menschlichen Stoffwechsel essenzielle Fettsäuren; am höchsten ist die Konzentration in den Samen. Die Wurzeln schmecken ähnlich wie Schwarzwurzeln. Sie können gedünstet oder in Scheiben geschnitten gebraten werden. Die Blätter haben ein mangoldartiges Aroma. Die Knospen sind lecker in Öl ausgebacken und eingelegt als Kapern (Seite 171). Blüten schmecken süßlich-scharf und verschönern Salate, Blütenbutter (Seite 169) und Blütensalze (Seite 168). Die nussigen Samen passen gut in Müslis und Joghurt.

Wissenswertes: Die ursprünglich in Nordamerika beheimatete Pflanze galt dort bereits als wichtige Heilpflanze vieler verschiedener Indianerstämme. Die ähnliche Kleinblütige Nachtkerze *(O. parviflora)* wird ebenso genutzt.

Gewöhnlicher Gilbweiderich

Lysimachia vulgaris

J F M **A M J J A** S O N D

Was wird gesammelt? Blätter vor der Blütezeit im April und Mai; danach werden sie bitter und hart. Die Blüten von Juni bis August.

Merkmale: 60–120 cm hohe Staude; Blütezeit Juni–August. Blüten goldgelb, 1,5–2,5 cm groß; die meisten stehen gehäuft als goldgelbe Traube an der Spitze des Stängels. Blätter lanzettlich; erinnern an die Blätter von Weiden (Name).

Standort: Uferböschungen, Gräben, Waldränder.

Tipps zur Verwendung: Der Gilbweiderich zählt eher zu den vergessenen Kräutern in Volksmedizin und Wildkräuterküche. Früher wurde er wegen der zusammenziehenden Wirkung seiner Gerbstoffe als Tee aus Blüten und Blättern gegen Magen-Darm-Beschwerden, festsitzenden Husten und auch zum Gurgeln bei Halsentzündungen verabreicht. Äußerlich machte man sich seine blutstillenden Eigenschaften auf schlecht heilenden Wunden zunutze. Wenn im April seine zartgrünen Blätter aus der Erde sprießen, sind sie ein hervorragender Vitamin-C-Lieferant für Frühlingssalate und Wildgemüsegerichte. Ihr Geschmack ist säuerlich-herb. Klein gehackt passen sie als heimisches Gewürz in Kräuterbutter, Quarks, Salate, in Frühjahrssuppen wie die Gründonnerstagssuppe (Seite 160), Pestos und Gemüsegerichte. Die Blüten eignen sich als essbare Dekoration auf Broten, in Quarks, Dips und Salaten.

Wissenswertes: In Bauern- und Ziergärten breitet sich häufig der ähnliche, aber ungenießbare Punktierte Gilbweiderich *(L. punctata)* aus. Im Unterschied bilden seine Blüten keine Traube an der Spitze des Stängels, sondern entspringen stets zu zweit bis viert in den Blattachseln.

Pfennigkraut

Lysimachia nummularia

J F M **A M J J A S** O N D

Was wird gesammelt? Die ganze Pflanze samt Wurzeln vor, während und nach der Blütezeit.

Merkmale: 5–10 cm hohe, Rasen-bildende Staude; Blütezeit Mai–Juli. Blüten goldgelb, gestielt, 1–2,5 cm groß. Blätter rundlich-eiförmig, stehen sich immer paarweise gegenüber. Stängel bis 50 cm lang, am Boden kriechend.

Standort: Feuchtwiesen, Auwälder, Ufer und Gebüsche. Auch als Bodendecker in sonnigen bis halbschattigen Gärten.

Tipps zur Verwendung: Blätter und Blüten finden frisch Verwendung in Salaten, Kräuterquarks, auf Butterbrote gestreut, in Suppen, Aufläufen, Pestos, Smoothies (Seite 164) und vielem mehr. Tipp: Spießen Sie je 1 Blatt und 1 Blüte Pfennigkraut auf eine Cocktailtomate. Das schmeckt gut und sieht schön aus auf dem Buffet. Wegen seiner Heilwirkung wird das Pfennigkraut auch gern durch Trocknen oder Einlegen in Wein haltbar gemacht (Seite 173); es verliert dadurch nicht an Wirkung. Als Tee verabreicht, hilft es gegen chronische Atemwegserkrankungen, Husten, Durchfälle und Krämpfe. Äußerlich aufgetragen, dient der Pflanzenbrei zur Wundheilung, auch wird er gegen rheumatische Beschwerden empfohlen. Die anthroposophische Medizin nutzt das Pfennigkraut äußerlich zur Behandlung von Neurodermitis bei Kindern; es soll den Juckreiz lindern und den Stoffwechsel der Haut wieder ins Gleichgewicht bringen.

Wissenswertes: Das Pfennigkraut enthält u. a. reichlich Gerbstoffe, Saponine und Kieselsäure. Das macht es zu einem guten Heilkraut mit wundheilenden, zusammenziehenden, antiseptischen und trocknenden Eigenschaften.

Scharbockskraut

Ranunculus ficaria

J **F** **M** A M J J A S O N D

Was wird gesammelt? Nur die ganz frischen, noch zartgrünen Blätter, bevor die Pflanze zu blühen beginnt. Wegen des enthaltenen Protoanemonins (s. u.) bitte nur in geringen Mengen nutzen.

Merkmale: 5–20 cm hohe Staude; Blütezeit März bis Mai. Blüten glänzend goldgelb, 2–3 cm groß. Stängel überwiegend flach am Boden ausgebreitet; Blätter herzförmig.

Standort: Bildet bereits im zeitigen Frühjahr ausgedehnte Teppiche in Laubwäldern, Hecken, Parks und Gärten. Bevorzugt feuchte Böden.

Tipps zur Verwendung: Zählt mit seinen bereits im Februar erscheinenden Blättern zum allerersten »wilden« Gemüse der Saison und wurde als solches früher regelmäßig gesammelt, um nach dem Winter die körpereigenen Vitamin-C-Reserven wieder aufzufrischen. Das Geschmackserlebnis seiner jungen Blätter ist zunächst zart und säuerlich, im Nachgeschmack leicht scharf und zusammenziehend. Dabei kann es zu einem trockenen, kratzigen Gefühl im Hals und bei zu großer Menge verzehrter Blätter zu leichter Übelkeit kommen. Schuld daran ist das in seinen Blättern enthaltene, schwach giftige Protoanemonin. Sein Gehalt steigt mit zunehmendem Alter der Blätter. Tatsächlich zählt das Scharbockskraut nicht unbedingt zu unseren Favoriten in der Wildpflanzenküche, da man allzu leicht ältere Blätter beim Sammeln erwischt, die das ganze Gericht verderben. Am besten mischen Sie nur wenige seiner Blätter mit reichlich mildem Blattsalat wie Feldsalat oder auch Giersch.

Wissenswertes: Nach der Blütezeit welkt das Scharbockskraut schnell wieder und zieht sich noch vor Sommerbeginn zurück in die Erde.

Gänse-Fingerkraut

Potentilla anserina

J F **M A M J J A S O** N D

Was wird gesammelt? Ganze Triebe, auch noch während der Blüte; Wurzeln am besten im zeitigen Frühjahr bzw. im Herbst ziehen.

Merkmale: 5–25 cm hohe Staude; Blütezeit Mai bis August. Blüten um 2 cm groß, gelb. Blätter 5- bis 20-fach gefiedert, unterseits silbrigweiß. Bildet lange Ausläufer, die an den Knoten wurzeln. Wurzeln knollenartig, rötlich.

Standort: Nährstoffreiche, verdichtete Wiesen und Äcker, Straßen- und Wegränder, Ödland.

Tipps zur Verwendung: Gänse-Fingerkraut wurde früher vielfach als Notnahrung gesammelt, denn es enthält als eines der ersten Wildkräuter im Jahr viel Vitamin C sowie gesunde Gerb- und Bitterstoffe. Es ist ratsam, Gänse-Fingerkraut eher als Beigabe zu verwenden, da das Blattgrün im zeitigen Frühjahr noch angenehm säuerlich, später jedoch eher bitter schmeckt. Blätter und Wurzeln passen roh oder getrocknet in Salate, Suppen, Gemüsepfannen, Kräuterbutter (Seite 169), Bratlinge und Frikadellen. Den Namen »Krampfkraut« trägt es, weil es in der Volksmedizin ein bewährtes Mittel gegen Völlegefühl, Magenschleimhautentzündungen und andere krampfartige Beschwerden ist. Dazu die zerkleinerte Wurzel mit dem gehackten Kraut mit Wasser oder auch Milch übergießen, kurz aufwallen lassen und noch 5–10 Minuten ziehen lassen. Wurzeln, Blätter und Blüten passen auch hervorragend in Magenbitter (Seite 173).

Wissenswertes: Blüte und Wuchsform erinnern an den giftigen Kriechenden Hahnenfuß *(Ranunculus repens)*; dieser hat jedoch ganz andere Blätter: Sie sind 3-geteilt, an den Rändern tief zerschlitzt und an der Unterseite nicht silbrig behaart.

Echte Nelkenwurz

Geum urbanum

J F **M A M J J A S O** N D

Was wird gesammelt? Blätter ab März bis in den Sommer, Blütenknospen und Blüten ab Mitte April, die kräftige Wurzel im März oder ab Oktober.

Merkmale: 30–120 cm hohe Staude; Blütezeit Mai–Oktober. Blüten 1–2 cm, gelb, aus 5 Blütenblättern, dazwischen sind die 5 grünen Kelchblätter sichtbar. Zahlreiche Staubfäden in der Blütenmitte. Stängelblätter 3-teilig gefiedert, stets mit 2 zusätzlichen, charakteristischen »Nebenblättern« an der Basis. Blattränder grob gesägt. Kleine Klettfrüchte mit rötlichen Widerhaken. Kräftiger, walzenförmiger Wurzelstock, innen lila.

Standort: Waldränder, Gebüsche, Mauern und Zäune.

Tipps zur Verwendung: Ihren Namen verdankt sie der nach Gewürznelke duftenden (und schmeckenden) Wurzel. Die in ihr enthaltenen Gerbstoffe und ätherischen Öle wirken stärkend, regen die Leber an und werden seit alters innerlich als Tee gegen Magen-Darm-Beschwerden und äußerlich zum Gurgeln sowie als zusammenziehende, antibakterielle Wundauflage genutzt. Frisch in Scheiben geschnitten, macht sie Bratensaucen und Rotkohl bekömmlich und aromatisiert Kräuterweine, -liköre und Magenbitter (Seite 173). Getrocknet und fein gerieben, lässt sie sich gut konservieren und würzt so (besonders lecker zusammen mit Zimt) den Winter hindurch Holunderpunsch (Seite 174) und winterliche Teemischungen. Junge Blätter geben Frühlingssalaten und -suppen eine pikant-bittere Note. Die Blüten dienen als essbare Dekoration.

Wissenswertes: Schon Hildegard von Bingen, die legendäre Kräuter-Fachfrau, schwor auf einen stärkenden Nelkenwurz-Wein.

Odermennig

Agrimonia eupatoria

J F M A **M J J A S O** N D

Was wird gesammelt? Knospen, Blüten und Blätter von Mai bis Juli; dazu die obere Stängelhälfte abschneiden. Kann frisch oder getrocknet verwendet werden. Wurzeln und Samen werden im September/Oktober geerntet.

Merkmale: 30–150 cm hohe Staude; Blütezeit Juni–September. Blüten um 1 cm groß, gelb und süß duftend, kurz gestielt dicht an dicht im oberen Bereich des Stängels, sodass der Blütenstand einer gelben Kerze ähnelt. Stängel abstehend behaart; Blätter aus 5–9 Fiederpaaren, am Rand zackig gezähnt, duften beim Zerreiben angenehm würzig.

Standort: Wald- und Wegränder, trockene Wiesen.

Tipps zur Verwendung: Als »König der Heilkräuter« galt der Odermennig noch im Mittelalter als eine der wichtigsten Heilpflanzen überhaupt. In neuester Zeit steht er im Ruf, sogar Krebszellen erfolgreich bekämpfen zu können. Ein Tee aus seinen Blüten und Blättern wirkt zusammenziehend und entzündungshemmend und wird von alters her gegen Magen-Darm-Probleme und Leberleiden getrunken. Äußerlich aufgelegt, heilt er hartnäckige Wunden und als Heubad wird er gegen juckende, rissige Haut genutzt. Sparsam verwendet, liefern Blüten und Blätter ein herb-bitteres Gewürz in Salaten, Kräutersalzen (Seite 168), Suppen und Aufläufen. Samen, Blätter und klein geschnittene Wurzeln, ausgezogen in warmem Wein, ergeben einen bekömmlichen Kräuterwein (Seite 173).

Wissenswertes: Vermischt mit getrocknetem Beifuß (Seite 83), ergeben getrocknete Blätter, Blüten und Samen eine würzig duftende Räuchermischung, die negative Energien vertreiben soll.

Tüpfel-Johanniskraut

Hypericum perforatum

J F M A M **J J A S** O N D

Was wird gesammelt? Obere Triebspitzen mit frisch geöffneten Blüten werden traditionell um Johanni (24. Juni) geschnitten. Sie können aber bis in den September hinein geerntet werden.

Merkmale: 30–80 cm hohe Staude; Blütezeit Juni bis September. Blüten gelb, 2–2,5 cm groß, gehäuft an den Enden des verzweigten Stängels. Charakteristisch: Hält man seine Blätter gegen das Licht, so erkennt man, dass sie durchscheinend punktiert sind. Aus Knospen und frisch erblühten Blütenblättern tritt beim Zerquetschen ein roter Saft aus.

Standort: Trockene Wiesen und sonnige bis halbschattige Wald- und Wegränder mit durchlässigen Böden.

Tipps zur Verwendung: Bereits der legendäre Paracelsus, bekannt für seine Heilungserfolge, nutzte das Johanniskraut als Universalmedizin für den ganzen Menschen. Die Schulmedizin identifizierte mittlerweile etliche heilende Inhaltsstoffe. So hilft ein Tee aus frischen oder getrockneten Blüten gegen Nervosität, Depressionen, hormonell bedingte Beschwerden und Angstzustände, gleichzeitig wirkt er keimtötend und beruhigend auf Magen und Darm. Blütenknospen und frische Blüten, in Öl eingelegt (Seite 172), ergeben das berühmte »Rotöl«, ein sehr bekömmliches und nebenbei noch dekoratives Salatöl. Äußerlich aufgetragen, dient es als heilendes Massageöl; auch Prellungen und Verstauchungen werden damit behandelt. Als Universal-Heilöl auch für Haustiere zu empfehlen.

Wissenswertes: Johanniskraut in hoher Dosierung verursacht bei manchen Menschen eine erhöhte Empfindlichkeit gegenüber Sonnenlicht, sodass es leichter zu einem Sonnenbrand kommen kann.

Echter Steinklee

Melilotus officinalis

J F M A M **J J A** S O N D

Was wird gesammelt? Die obersten, frisch erblühten Triebspitzen.

Merkmale: 30–100 cm großes Kraut; Blütezeit Juni–September. Blüten gelb, 0,5 cm, dicht stehend in bis zu 10 cm langen, schmalen Blütentrauben. Typische 3-geteilte Kleeblätter, am Rand gezähnt. Stängel reich verzweigt, mit vielen Blütentrauben.

Standort: Wegränder, Ödland, verwilderte Gärten.

Tipps zur Verwendung: Die Blätter abzupfen und roh oder gekocht sparsam als scharf-bitteres Gewürz nutzen. Die Stängel finden in Heublumen-Mischungen Verwendung. Die nach Honig duftenden Blüten entfalten ihr volles Aroma erst beim Welken: Dann wird das Kumarin (»Waldmeister-Duft«) frei. Die Blüten schmecken lieblich und können in Blüten-Dips, Blüten-Quarks und Blüten-Salzen verarbeitet werden. Sie schmecken überstreut auf Broten und in Salaten. Beliebt sind sie auch zum Aromatisieren von Bowle, Limonaden, Likören und Süßspeisen wie der Blütensahne: Hierfür kochen Sie 1 Handvoll Steinklee-Blüten in 200 ml flüssiger süßer Sahne. Über Nacht im Kühlschrank abkühlen lassen und am nächsten Tag mit 1 Päckchen Vanillezucker aufschlagen. Mit übrigen Blüten verzieren. Tipp: Probieren Sie Blütensahne auch mit anderen Blüten, z. B. Holunder (Seite 95), Veilchen (Seite 73) oder Mädesüß (Seite 28).

Wissenswertes: Das enthaltene Kumarin fördert die Durchblutung, hilft gegen Lymphstau und wirkt entwässernd. Achtung! Zu viel Kumarin erzeugt Kopfschmerzen und Übelkeit, daher Steinklee stets nur in Maßen genießen. Nicht geeignet für Schwangere.

Großblütige Königskerze

Verbascum densiflorum

J F M **A M J J A S** O N D

Was wird gesammelt? Blüten an sonnigen Tagen ernten. Die Blätter sind am besten vor der Blütezeit (s. hierzu auch Verwechslungsgefahr mit Fingerhut, Seite 87).

Merkmale: 0,5–2 m hohes Kraut mit zweijähriger Entwicklung; Blütezeit Juli–September. Blüten 3–3,5 cm groß, in langer Blütenkerze. Blätter im 1. Jahr nur als bodenständige Blattrosette, im 2. Jahr schiebt sich daraus der mächtige, beblätterte Blütenstängel hervor. Blätter bis 40 cm lang, weich graufilzig behaart, ähneln Eselsohren.

Standort: Trockene, sonnige Wegränder, Böschungen, Kiesgruben. Häufig gepflanzt in Gärten.

Tipps zur Verwendung: Die Königskerze ist eine alte Heil- und Zauberpflanze. Am bekanntesten ist die Verwendung ihrer Blüten, deren entzündungshemmende, schleimlösende Inhaltsstoffe verlässlich bei Atmungsbeschwerden helfen. Sie finden sich deshalb auch häufig in Teemischungen. Mit kaltem Wasser aufgegossen (einige Stunden ziehen lassen), bleiben die wertvollen Schleimstoffe voll erhalten. Ein Öl aus den Blüten (Seite 172) dient als Salatöl, hat sich aber auch äußerlich zum Einreiben bei Rheuma und Ekzemen bewährt. Frische Blüten passen auch in Salate, Blüten-Kräuterbutter (Seite 169) und Quarks (wollige Staubfäden abzupfen). Die Blätter werden als »frittierte Eselsohren« in Pfannkuchenteig gebacken.

Wissenswertes: Getrocknete Blätter und Blüten ergeben ein honigartig duftendes Räucherkraut (Seite 179), das emotionale Spannungen in Räumen abbauen soll. Weitere ähnliche in Mitteleuropa vorkommende Königskerzen-Arten können ebenso genutzt werden.

Wiesen-Pastinak, Germanenwurzel, Hirschmöhre

Pastinaca sativa ssp. *pratensis*

J F M **A M J J A S O N** D

Was wird gesammelt? Blüten, Blätter, Samen und Wurzel. Die Wurzel muss im ersten Herbst/Winter geerntet werden, solange nur eine Blattrosette vorhanden ist. Treibt im darauf folgenden Frühjahr der Blütenstängel aus, wird sie holzig und bitter.

Merkmale: 30–120 cm hohes Kraut mit zweijähriger Entwicklung; Blütezeit Juli–September. Blüten klein, gelb, zahlreich in 4–8 cm großen Blütenschirmen. Blätter gefiedert, mit grob gesägtem Rand, riechen zerrieben intensiv nach Mohrrübe. Stängel kantig und gefurcht, innen hohl. Wurzel im Unterschied zu gezüchteten Kultursorten nur um 1 cm dick und 6–8 cm lang.

Standort: Wiesen, Böschungen, Ödland.

Tipps zur Verwendung: Der Wiesen-Pastinak ist die Wildform des gezüchteten Pastinaks: vor der großflächigen Kultivierung von Kartoffeln und Möhren eines der am häufigsten genutzten Wurzelgemüse in Europa. Die Wurzeln der Kultursorten können ein Gewicht um 1 kg erreichen. Sie werden heute wieder von Biobetrieben angebaut und aufgrund geringer Nitratwerte zu Babybrei verarbeitet. Die gelblichen Wurzeln des Wiesen-Pastinaks schmecken intensiv möhrenartig. Sie passen roh gerieben in Salate und gekocht in Eintöpfe und Gemüsepfannen. Die Blätter sind ein guter Ersatz für Petersilie und werden ebenso genutzt. Blüten und Samen geben eine süßlich-nussige Würze, wobei die Samen leicht angeröstet ihren vollen Geschmack entfalten.

Wissenswertes: Achtung! Nach Berührung mit der Pflanze können bei empfindlichen Menschen in Kombination mit Sonnenlicht allergische Hautreaktionen wie Rötungen oder Juckreiz auftreten.

Rainkohl

Lapsana communis

J F M **A M J J A S** O N D

Was wird gesammelt? Blütenknospen, Blüten und Blätter. Diese am besten jung ernten, noch bevor der Blütenstängel sich herausschiebt – aber, um Verwechslungen auszuschließen – bitte nur an eindeutig bekannten Standorten.

Merkmale: 30–120 cm hohes Kraut; Blütezeit Mai bis September. Blüten gelb, Löwenzahn-ähnlich, aber nur 1–1,5 cm groß. Öffnen sich nur bei gutem Wetter. Stängel behaart, in der oberen Hälfte sparrig verzweigt, im Alter dunkelrot, im Inneren mit Milchsaft. Typisch! 2 Sorten Blätter: obere Stängelblätter schmal-lanzettlich, untere Blätter dreieckig-eiförmig und am Grund stets mit 2 kleineren Seitenlappen.

Standort: An halbschattigen, luftfeuchten Wegrändern mit nährstoffreichen, lehmigen Böden.

Tipps zur Verwendung: Der deutsche Name »Kohl« ist irreführend – tatsächlich handelt es sich nicht um einen Kohl-Verwandten. Junge Blätter, Blütenknospen und Blüten bringen, sparsam verwendet, eine angenehme Bitternote in Salate. Ganze Triebe, zerkleinert und gedünstet, bereichern Gemüsepfannen, Quiches und Omeletts oder werden in Suppen als Würzkraut mitgekocht. Blütenknospen können zu wilden Kapern (Seite 171) eingelegt werden. Alte Heilpflanze, die als Tee bei Diabetes, Leberleiden sowie als mildes Abführmittel Anwendung findet. Passt gut in angesetzte Magenbitter (Seite 173).
Zu Brei zerquetschte Blätter und Stängel fördern die Wundheilung. Das Kraut wird gern von Haustieren wie Kaninchen und Meerschweinchen gefuttert.

Wissenswertes: Kann mit verschiedenen anderen, ungiftigen Korbblütlern verwechselt werden. Auf den sparrigen Wuchs in Kombination mit der Blattform (s. o.) achten.

Gänsedistel, Kohl-Gänsedistel

Sonchus oleraceus

J F M **A M J J A S O** N D

Was wird gesammelt? Junge Blätter und Stängel von April bis Juni, Blütenknospen und Blüten von Mai bis Oktober, Wurzel ab September.
Merkmale: 40–100 cm hohes Kraut; Blütezeit Juni–Oktober. Blüten gelb, 1,5–2,5 cm groß. Blätter groß, blaugrün und weich, mit rötlichem Mittelnerv. Am Rand stark eingebuchtet und dornig gezähnt, aber nicht stachelig. Am Grund umfassen die Blätter den Stängel mit zugespitzten Fortsätzen.
Standort: Wegränder, Ödland, Gärten.
Tipps zur Verwendung: Wird schon von alters her als gesundes und schmackhaftes Gemüse genutzt. Wie ihr Name verrät, war sie auch zum Füttern vom Vieh beliebt. Neben viel Eisen enthält sie zahlreiche Mineralstoffe und Vitamin C und gilt als vitalisierend und leberstärkend. Essbar ist alles an der Pflanze, und zwar sowohl roh als auch gekocht. Mit ihrem mild-würzigen Geschmack passen Blätter und geschälte Stängel gut in Salate, Gemüsepfannen, Suppen, Lasagne, Quiche, auf Pizza und in Smoothies (Seite 164). Eine Delikatesse sind ihre Blütenknospen: Gut abbrausen, 2 Minuten in Salzwasser kochen und anschließend mit einer kräftigen Marinade aus Essig, Öl, Salz und Kräutern übergießen. 1 Stunde lang ziehen lassen und zu Spaghetti servieren. Tipp: Heben Sie einige Knospen/Blüten zum Überstreuen auf. Die Blütenknospen können auch auf Vorrat süßsauer als Kapern eingelegt werden (Seite 171) . Die Wurzel findet geschält als Gemüse Verwendung oder auch klein gehackt im Magenbitter (Seite 173).
Wissenswertes: Von ähnlichen, ungenießbaren Arten am leichtesten anhand der weichen, nicht stacheligen Blätter zu unterscheiden.

Kohldistel

Cirsium oleraceum

J F M A **M J J A S O** N D

Was wird gesammelt? Hauptsächlich finden junge Blätter und Stängel Verwendung. Sie sind am besten von Mai bis Juli. Doch auch die Wurzel ist essbar, sie wird ab September gezogen. Spezialisten nutzen die Blütenböden als Mini-Artischocken. Dazu die Blüten kurz vor dem Aufblühen ernten.
Merkmale: 50–150 cm hohe Staude; Blütezeit Juni–Oktober. Blüten fahlgelb, 2–3 cm groß, zu mehreren an der Stängelspitze. Typisch! Insgesamt blasse Distel, die nicht pikst und deren Blüten umhüllt sind von großen, weichen, gelblichgrünen Blättern. Stängelblätter ganzrandig oder fiedrig geteilt, mit dornigen, aber weichen Wimpern am Rand.
Standort: Feuchte Wiesen und Waldränder, Ufer und Gräben.
Tipps zur Verwendung: Die Blätter sind ein kohlartiger, milder »Massegeber« der Wildgemüseküche. Sie können roh in Salaten verarbeitet werden und sind ideal für Smoothies (Seite 164). Kurz in Salzwasser vorgedünstet, lassen sich größere Blätter auch gut zum Einwickeln von Hackfleisch- oder Getreidefüllungen verwenden. Gehackte Blätter und geschälte Stängel bereichern Suppen, Gemüsepfannen und Quiches. Die Wurzeln sind besonders für Diabetiker interessant, da sie Inulin enthalten. Sie können roh geraspelt oder auch gekocht genossen werden. Ein Tee aus den Wurzeln soll entkrampfend wirken und gegen Rheuma helfen. Die Blütenböden liefern, 10–15 Minuten in Salzwasser gedünstet und mit Olivenöl beträufelt, ein Artischocken-ähnliches Gemüse.
Wissenswertes: In vielen nordischen Ländern wird die Kohldistel ganz selbstverständlich als leckere und wertvolle Gemüsepflanze genutzt.

Huflattich

Tussilago farfara

J **F M A M J J** A S O N D

Was wird gesammelt? Blüten Februar–Mai, Blätter April–Juli.

Merkmale: 10–30 cm hohe Staude; Blütezeit Februar–Mai. Blüten gelb, 2–2,5 cm groß, ähnlich Löwenzahn-Blüten. Zur Blütezeit ohne grüne Blätter; Stängel rötlich beschuppt. Blätter bis 20 cm lang, gestielt, rundlich-herzförmig, unterseits weißfilzig, erscheinen nach der Blüte ab Mai. Blattränder mit kleinen, schwarzen Höckern.

Standort: Meist in kleineren Beständen an Wegrändern, Böschungen, Ufern und in Kiesgruben.

Tipps zur Verwendung: Huflattich ist seit alters bekannt als *der* Hustenvertreiber unter den Wildkräutern. Mit seinen antibakteriellen und schleimlösenden Inhaltsstoffen sollen insbesondere seine Blüten, als Tee oder Inhalat, festsitzendem Husten zu Leibe rücken. Seine jungen Blätter bereichern Salate, etwas ältere ergeben, kurz blanchiert, gute Wickel für Getreide- oder Fleischfüllungen. Achtung! In wild wachsendem Huflattich fand man sogenannte Pyrrolizidinalkaloide (Seite 180), die, in höherer Dosis über einen längeren Zeitraum eingenommen, leberschädigend und krebsauslösend wirken können. Im Handel sind Huflattich-Züchtungen »Tussilago farfara Wien« ohne diese bedenklichen Inhaltsstoffe erhältlich. Jedoch gilt auch hier, wie bei allen Heilpflanzen: Die Dosis macht das Gift.

Wissenswertes: Die Blätter ähneln denen der ungenießbaren Pestwurz *(Petasites hybridus)*. Doch sind bei der Pestwurz zur Zeit der Blattentfaltung immer noch die gänzlich anderen, blassroten Blütentrauben sichtbar und die Blätter werden mit über 60 cm Durchmesser deutlich größer als die des Huflattichs.

Löwenzahn, Pusteblume

Taraxacum officinale

J **F M A M J J A S O N** D

Was wird gesammelt? Löwenzahn-Blätter finden sich bereits ab Februar, in milden Wintern sogar den ganzen Winter hindurch. Ab Ende Februar können die ersten Blütenknospen geerntet werden. Die Blüten erscheinen ab März, sie sollten stets frisch erblüht gesammelt werden, am besten um die Mittagszeit.

Merkmale: 5–40 cm hohe Staude; Blütezeit März bis November. Blüten 2,5–5 cm groß, goldgelb, verwandeln sich im reifen Zustand in eine »Pusteblume«. Alle Blätter wachsen in einer grundständigen Rosette, die Blattränder sind scharf gezähnt wie »Löwenzähne«.

Standort: Sehr häufig auf nährstoffreichen Wiesen, Rasen und an Wegrändern.

Tipps zur Verwendung: Löwenzahn-Blätter mit ihrer herben, leicht bitteren Note sind von Frühjahr bis in den Herbst ein schmackhafter und gesunder Ersatz für Rucola-Salat aus dem Supermarkt. Denn regelmäßig gerupft oder gemäht, treibt der Löwenzahn immer wieder fleißig neue, saftig grüne Blätter. Da die Blätter für »Masse« im Wildsalat sorgen, kann man Löwenzahn sehr schön mit vielen Blüten und weiteren Wildkräutern kombinieren, die eher als Würze dienen. Gut geeignet auch für Smoothie-Zubereitungen (Seite 164). Die Knospen liefern eingelegt einen Kapernersatz (Seite 171) und die goldgelben Blüten eignen sich auseinandergezupft als essbare Dekoration; sie erinnern dann ein wenig an den fädigen Safran.

Wissenswertes: Wem die Löwenzahn-Blätter im Salat zu bitter sind, legt sie vor dem Verzehr eine halbe Stunde in eine Schale mit Wasser. Dadurch verliert sich die Bitterkeit etwas.

Schmalblättriges Weidenröschen

Epilobium angustifolium

J F M **A M J J A S O** N D

Was wird gesammelt? Die jungen, rötlichen Triebspitzen von April bis Juni, Blütenknospen und Blüten von Juni bis August, Wurzeln ab September. An gemähten Wegrändern stehen junge Triebe und frischgrüne Blätter auch bis in den Spätsommer zur Verfügung.

Merkmale: 60–120 cm hohe Staude; Blütezeit Juni–August. Blüten leuchtend purpurn, 2–3 cm groß in auffälligem, kerzenartigem Blütenstand an der Spitze des rötlichen Stängels. Blätter Weiden-ähnlich lanzettlich, unterseits blaugrün.

Standort: Lichtungen, Kahlschläge, Wegränder.

Tipps zur Verwendung: Ein Wildkraut, das sowohl in der Küche als auch in der Naturheilkunde, speziell für den Mann ab 45, Verwendung findet (s. u.) und für das es lohnt, eine Ecke im eigenen Garten zu reservieren. Die jungen, sehr Vitamin-C-haltigen, säuerlich schmeckenden Triebe können wie Spargel zubereitet werden. Sie eignen sich auch gut für Aufläufe und gefüllte Pfannkuchen. Klein gehackte Blätter passen in Salate, Suppen, Gemüsegerichte, Quarks und Smoothies (Seite 164). Die Blüten sind eine dekorative Nascherei. Die gesamte Pflanze enthält entzündungshemmende, antibakteriell wirkende Gerb- und Schleimstoffe. Ein Tee aus frischen oder getrockneten Wurzeln und Blättern wird innerlich bei Magen-Darm-Beschwerden und Halsentzündungen angewandt, äußerlich auf Schürfwunden. Dazu 1 Handvoll klein gehackte Wurzeln 10 Minuten köcheln, zum Schluss 1 Handvoll gehackte Blätter zufügen und 10 Minuten ziehen lassen.

Wissenswertes: Enthält Beta-Sitosterol, das hormonregulierend wirkt und sich bei gutartigen Prostata- und Blasenbeschwerden bewährt hat.

Wilde Malve

Malva sylvestris

J F M A **M J J A** S O N D

Was wird gesammelt? Blütenknospen, Blüten, unreife Früchte.

Merkmale: 30–120 cm hohe Staude; Blütezeit Mai–Oktober. Blüten 3–5 cm groß, rosa mit dunkel purpurfarbenen Streifen oder ganz purpur. Untere Stängelblätter herzförmig, obere handförmig gelappt; Blattränder grob gesägt.

Standort: Sonnig-warme Gebüsche, Wegränder und Ödland.

Tipps zur Verwendung: Heute weitestgehend in Vergessenheit geraten, galt die Wilde Schönheit bereits vor über 1000 Jahren als Allround-Heilpflanze, die auch vorbeugend genossen wurde. Die Schleimstoffe in ihren Blüten und Blättern bilden einen guten Schutzfilm im Rachen, Magen und Darm: »Malve im Gemüsegarten lässt den Doktor draußen warten.« In der Gemüseküche sind ihre jungen Blätter in Salaten, Suppen, Aufläufen, Quiches und Smoothies (Seite 164) zu verwerten. Die noch unreifen, grünen Früchte passen gut in Salate und können auch frisch von der Pflanze genascht werden. Früher galten Sie übrigens als starkes Aphrodisiakum für Frauen. Für einen Tee werden die Blüten rasch im Schatten getrocknet, im Licht bleichen sie aus. Um die Schleimstoffe zu erhalten, sollte der Tee kalt angesetzt werden – über Nacht ziehen lassen und dann auf die gewünschte Trinktemperatur erwärmen. Auch äußerlich als Umschlag oder Badezusatz bei juckenden Ekzemen.

Wissenswertes: Malventee aus dem Supermarkt hat übrigens nichts mit der heilkräftigen Wilden Malve zu tun. Wenn Sie nicht selbst sammeln möchten, so fragen Sie am besten in der Apotheke nach »Flores malvae«.

Echtes Lungenkraut

Pulmonaria officinale

J F **M A M J** J A S O N D

Was wird gesammelt? Blüten und junge Blätter zum frischen Verzehr; das ganze Kraut (ohne Wurzel) auch noch nach der Blütezeit zum Trocknen auf Vorrat.

Merkmale: 10–30 cm hohe Staude; Blütezeit März–Mai. Typisch: Rosa und violettblaue Blüten an ein und derselben Pflanze. Stets mehrere Blüten gehäuft an der Spitze des Stängels. Blätter mit weißen Flecken oder ungefleckt, ebenso wie der Stängel mit einem weichen Pelz aus silbrigen Haaren.

Standort: Halbschattige, nährstoffreiche Standorte an Heckensäumen, in Naturgärten und Laubwäldern.

Tipps zur Verwendung: Die jungen, noch spärlich behaarten Blätter bereichern mit ihrem säuerlich-saftigen, an Gurken erinnernden Geschmack bereits allererste Frühlingssalate und Smoothies (Seite 164). Dazu passen junge Brennnesseln, Giersch, Gänseblümchen, Taubnesseln und Scharbockskraut. Als essbare Dekoration lassen sich Salate und Aufläufe mit den ausgezupften Blüten bestreuen. Aufgrund seiner schützenden Schleimstoffe und entzündungshemmenden Gerbstoffe wird es getrocknet als Hustentee sowie gegen Magen-Darm-Beschwerden eingesetzt. Äußerlich als Umschlag oder Bad unterstützt es die Bildung neuen Gewebes bei Ekzemen und auf Wunden.

Wissenswertes: Achtung! Das Lungenkraut enthält in geringen Mengen sogenannte Pyrrolizidinalkaloide (Seite 180), die mittlerweile im Verdacht stehen, über einen längeren Zeitraum hinweg in größerer Menge verzehrt, leberschädigend zu wirken. Bitte entscheiden Sie selbst, ob Sie Lungenkraut gelegentlich in Maßen zu sich nehmen möchten.

Beinwell

Symphytum officinale

J F M A M J J A S O N D
(unsere Empfehlung: nicht selbst ernten)

Was wird gesammelt? Aufgrund bedenklicher Inhaltsstoffe sollte er heute nicht mehr wild gesammelt, sondern ggf. auf unbedenkliche Sorten zurückgegriffen werden.
Merkmale: 30–100 cm hohe Staude; Blütezeit Mai–Juli. Blüten lila bis weißlich, glockenförmig, 1–2 cm lang. Blätter und Stängel borstig behaart.
Standort: Ufer, Gräben und Feuchtwiesen.
Tipps zur Verwendung: Der Beinwell findet sich, genau wie seine nahen Verwandten Lungenkraut und Borretsch, heute noch in vielen Kräuter- und Heilkräuterbüchern. Sowohl junge Blätter als auch Blüten und Wurzeln nutzte man früher als gurkenähnlich schmeckendes Wildgemüse. Zubereitungen aus Wurzeln und Blättern dienten in der Volksmedizin als Mittel zur Heilung stumpfer Verletzungen wie Prellungen und Stauchungen sowie bei Knochenbrüchen. Achtung! In Tierversuchen erwies sich der Verzehr größerer Mengen der Pflanze aufgrund der nachgewiesenen Pyrrolizidinalkaloide (Seite 180) als leberschädigend und krebserregend. Vom Verzehr bzw. einer Selbstmedikation muss daher aus heutiger Sicht abgeraten werden. Eine äußerliche Anwendung sollte nur auf unverletzter Haut erfolgen. Grundsätzlich nicht geeignet ist der Beinwell zur Anwendung während der Schwangerschaft, Stillzeit und bei Kindern unter 2 Jahren.
Wissenswertes: Käufliche Beinwell-Zubereitungen in Form von Cremes oder Gels dürfen einen bestimmten Gehalt an Pyrrolizidinalkaloiden nicht überschreiten bzw. stammen zum Teil von schadstofffreien Beinwell-Sorten. In der Regel sollte die Dauer der äußerlichen Anwendung 4–6 Wochen im Jahr dennoch nicht überschreiten.

Blut-Weiderich

Lythrum salicaria

J F M A **M J J A S O N** D

Was wird gesammelt? Junge Blätter im Mai und Juni, Blüten von Juni bis September, die Wurzel von September bis November.

Merkmale: 50–200 cm hohe Staude; Blütezeit Juni–September. Blüten rotviolett, um 2 cm groß, in einer auffälligen Blütenkerze an der Stängelspitze. Stängel kantig, oft verholzt, Blätter lanzettlich, stehen sich gegenüber.

Standort: Meist in Gewässernähe, da lehmiger, zumindest zeitweise feuchter Boden bevorzugt wird. Ragt mit seiner auffälligen Blütenkerze aus der Ufervegetation.

Tipps zur Verwendung: Junge Blätter passen in Mischsalate, Quarkzubereitungen und Smoothies. Die dekorativen und sehr gesunden Blüten verschönern sommerliche Obstsalate, Butterbrötchen und färben Süßspeisen rosa. Klein gehackt sind sie aufgrund ihrer besonderen Farbe bestens geeignet, um damit Blütenbutter zu verzieren (Seite 169). Zur selben Zeit finden Sie am Gewässerufer die duftenden, cremeweißen Blüten vom Mädesüß sowie Blätter und Blüten der intensiv duftenden Wasser-Minze.

Wissenswertes: Blut-Weiderich hat eine lange Tradition als bewährte Heilpflanze. Seine Blüten, Blätter und Wurzeln enthalten reichlich Gerbstoffe, die in Alkohol oder Wasser ausgezogen werden können und nachweislich keimtötend, heilend und zusammenziehend wirken. Innerlich heilt er Magen-Darm-Beschwerden und wird gegen Blutungen verabreicht, äußerlich als Auflage oder Bad gegen juckende Ekzeme. Als mild wirkender Magen-Darm-Tee ist er auch gegen Durchfallerkrankungen bei Kindern empfehlenswert.

Rote Taubnessel

Lamium purpureum

J **F M A M J J A S O** N D

Was wird gesammelt? Blüten und junge Triebspitzen.

Merkmale: 10–45 cm hohes Kraut; Blütezeit März bis Oktober. Blüten rosa bis violett, 1–1,5 cm groß; zu 6–10 dicht beieinander stockwerkartig angeordnet am 4-kantigen Stängel. Blätter bis 2,5 cm lang, runzelig und behaart, eiförmig-herzförmig, am Rand unregelmäßig gekerbt. Obere Blätter meist rötlich.

Standort: Wegränder, Äcker und nährstoffreiche Wiesen mit Lehmböden, Gebüsche und Gärten.

Tipps zur Verwendung: Blüten und junge Blätter der Roten Taubnessel können ebenso in Salaten, Suppen, auf Butterbroten, in Tees oder auch für Kräutersalze (Seite 168) verwendet werden wie die zeitgleich blühende Weiße Taubnessel (Seite 26). Da Taubnesseln vom zeitigen Frühjahr bis in den Sommer hinein blühen und zudem praktisch überall wachsen, sind sie zuverlässige Blütenlieferanten für die Küche. Ein Hingucker und Stimmungsaufheller ist der bei uns sehr beliebte Blüten-Dip: Quark und Naturjoghurt zu gleichen Teilen verrühren, mit 1 EL Nachtkerzenöl oder Olivenöl, etwas Honig, Salz und einem Spritzer Zitronensaft verrühren. Klein gehackte Blätter von Spitz-Wegerich oder Löwenzahn unterziehen. Mit reichlich Blüten überstreuen.

Wissenswertes: Die Rote Taubnessel hat mehrere »Doppelgänger«, deren Genuss aber unbedenklich ist: Die Blüten der ähnlichen Gefleckten Taubnessel *(Lamium maculatum)* sind mit 2–3 cm mehr als doppelt so groß, auch ihre Blätter sind mit bis zu 6 cm viel größer. Der Gewöhnliche Hohlzahn *(Galeopsis tetrahit)* besitzt gelbe Flecken auf der Blüte, seine Blätter sind mit 3–10 cm deutlich größer und er blüht erst ab Juni.

Herzgespann, Löwenschwanz

Leonurus cardiaca

J F M A M **J J A S** O N D

Was wird gesammelt? Da das Herzgespann in freier Natur selten geworden ist und unter Schutz steht, darf nur von Stauden aus dem eigenen Garten geerntet werden. Es gedeiht auch gut in Kübeln. Verwendet werden die oberen Triebspitzen mit Blüten und jungen Blättern, frisch oder getrocknet.
Merkmale: 30–150 cm hohe Staude; Blütezeit Juni–September. Blüten rosaweiß, um 1 cm groß, dicht gehäuft in 10–20 Stockwerken im oberen Teil des 4-kantigen, innen hohlen Stängels. Blätter 3- bis 7-fach gelappt, ähnlich den Blättern des Beifußes. Alle Teile der Pflanze sind behaart.
Standort: Wegränder, Schutt, Zäune, Mauern, Ödland, Gärten. Fast immer dorfnah.
Tipps zur Verwendung: Junge Triebspitzen können, sparsam eingesetzt, zum Würzen deftiger Eintöpfe und Braten genutzt werden. Sie verleihen Gerichten einen herben Bittergeschmack und helfen bei der Verdauung von Fetten. Traditionell dient das Herzgespann, wie schon sein Name verrät, als herzwirksame Heilpflanze. Sowohl als Tee wie auch in Wein gesotten (Seite 173) hilft es, den Herzrhythmus zu normalisieren, das Herz zu stärken, Verspannungen und Ängste zu lösen. Es wird auch gegen typische Wechseljahresbeschwerden wie Unruhe und Hitzewallungen, gegen Schlaflosigkeit und als Antidepressivum genutzt. Passt in der Wirkung zu Baldrian, Johanniskraut, Weißdorn und Lavendel. Im Garten macht sich der horstig wachsende Solitär gut an Zäunen und lockt mit seinem Nektar besonders viele Hummeln an.
Wissenswertes: Im Mittelalter weit verbreitete Heilpflanze in Klostergärten, von wo aus es Einzug in die Bauerngärten der Dörfer hielt.

Heil-Ziest, Heil-Betonie

Betonica officinalis

J F M A M **J J A** S O N D

Was wird gesammelt? Junge Triebspitzen.
Merkmale: 30–80 cm hohe Staude; Blütezeit Juni bis September. Blüten rosa, zahlreich gehäuft an der Spitze des Stängels. Blätter in einer grundständigen Rosette sowie am 4-kantigen Stängel; Blattränder gekerbt.
Standort: Trockene und moorige Wiesen, Berghänge.
Tipps zur Verwendung: Das alte Sprichwort »Seine Tugenden sind so zahlreich wie die der Betonie« verrät bereits, wie hoch unsere Vorfahren die Eigenschaften des Heil-Ziests einschätzen. Tatsächlich zählte das hübsche Kraut bei Römern, Griechen und Ägyptern gleichermaßen als Allheilmittel sowohl gegen physische als auch gegen psychische Gebrechen fast jeder Art. Wusste man eine Krankheit nicht recht zu deuten, so kam erst einmal der Heil-Ziest zum Einsatz – innerlich oder äußerlich angewandt. Neben zahlreichen Inhaltsstoffen enthält er viele gesunde Gerb- und Bitterstoffe – leider schmeckt er auch so: bitter und scharf. Als Gemüse ist er daher eher weniger geeignet, doch als Würze können seine jungen Blätter durchaus dienen. Die Blüten eignen sich zum Überstreuen von Quarks, Broten und Gemüsepfannen, aber auch hervorragend zum Einlegen in Essig, Öl oder Wein (Seite 172–173) und getrocknet in Blütensalzen (Seite 168). Aus getrockneten Blättern und Blüten bereitet man einen magenstärkenden Tee, der auch äußerlich als Umschlag oder Waschung bei der Wundheilung hilft.
Wissenswertes: In freier Natur ist er tatsächlich nicht häufig, daher empfiehlt es sich, den schönen »Allrounder« in den eigenen Garten zu holen. Dort wird er zum Magnet für Schmetterlinge und Bienen.

Oregano, Wilder Majoran, Wilder Dost

Origanum vulgare

J F M **A M J J A S O** N D

Was wird gesammelt? Blütenknospen, Blüten, Blätter und Stängel frisch oder getrocknet.

Merkmale: 20–60 cm hohe Staude; Blütezeit Juni bis Oktober. Blüten 0,5 cm, rosa, in dichten Köpfchen an der Spitze des rötlichen, recht holzigen Stängels. Blätter duften beim Zerreiben aromatisch nach Pizzagewürz.

Standort: Trockene, warme Gebüsche und Mauern, Kiesgruben, nährstoffarme Wegränder und Kräutergärten.

Tipps zur Verwendung: Oregano wirkt verdauungsfördernd und ist damit besonders gut geeignet, fettreiche Speisen bekömmlicher zu machen. Im Mittelmeerraum konnten wir beobachten, wie ganze Sträuße des frisch gerupften Wildkrauts vor dem Garen in Hähnchen gestopft wurden, was dem Fleisch einen unglaublich aromatischen, köstlichen Geschmack verlieh! Blüten und Blätter passen klein gehackt auch sehr gut in Salate, Suppen und Gemüsegerichte, vor allem aber in Tomatensaucen und auf Pizza. Auch getrocknet verliert der Oregano nicht an Würzkraft. Eingelegt in Öl (Seite 172), ergibt sich ein bekömmliches, duftendes Salatöl. Seine ätherischen Öle und Gerbstoffe machen den Oregano zu einer guten Heilpflanze. Als Tee hilft er gegen Krämpfe, Verdauungsstörungen, Husten und Entzündungen; auch zum Gurgeln ist er mit seinen stark antibakteriellen Wirkstoffen gut geeignet.

Wissenswertes: Schmeckt und wirkt ähnlich wie der aus dem Supermarkt bekannte Majoran *(Origanum majorana)*. Dieser wächst im Mittelmeerraum und wird bei uns gelegentlich als Gewürzpflanze angebaut, ist aber im Gegensatz zum Oregano nicht winterhart.

Wilder Thymian, Sand-Thymian, Quendel

Thymus serpyllum

J F M **A M J J A** S O N D

Was wird gesammelt? Blütenknospen, Blüten und Blätter können frisch oder getrocknet verwendet werden.

Merkmale: 2–10 cm hohe Staude; Blütezeit Juni bis September. Blüten 5–7 mm, rosa, in dichten Köpfchen an der Spitze des 4-kantigen Stängels, der oberirdisch kriechende Ausläufer bildet. Blätter duften zerrieben herb-würzig.

Standort: Sonnige Trockenwiesen, Böschungen, Kiesgruben, Dünen und lichte Kiefernwälder.

Tipps zur Verwendung: Thymian ist ein heilsames, angenehm duftendes Gewürz, das wertvolle ätherische Öle, Gerb-, Bitter- und Schleimstoffe enthält. Damit verleiht es Salaten, Aufläufen, Quarks, Smoothies, Tomatensaucen und Quiches einen angenehmen Geschmack und stärkt gleichzeitig die körpereigene Abwehr. Auch gut geeignet zum Einlegen in Öl oder Essig (Seite 172) sowie für Kräutersalze (Seite 168). Thymian ist dafür bekannt, dass er schwer verdauliche Speisen bekömmlicher macht. Seine keimtötende Wirkung nutzt man auch in Körperölen, zum Inhalieren, als Badezusatz, Tee sowie als Räucherkraut (Seite 179). Bewährt bei der Bekämpfung von Husten, Grippe und Asthma, denn es wirkt antibakteriell und schleimlösend.

Wissenswertes: Was bei uns als Garten-Thymian angeboten wird, ist zumeist der Echte Thymian *(Thymus vulgaris)*. Er kommt als Wildpflanze im Mittelmeerraum vor und schon die alten Ägypter wussten ihn zu schätzen. Als vielfältig einsetzbare, recht winterharte und schnittverträgliche Gewürz- und Heilpflanze lässt er sich auch hervorragend zum Einfassen von Gartenbeeten nutzen. Auch alle anderen Thymian-Arten sind in der Küche nutzbar.

Schnittlauch

Allium schoenoprasum

J F M **A M J J A S O N** D

Was wird gesammelt? Blütenknospen, Blüten, Samen, Blätter und Zwiebel.

Merkmale: 10–50 cm hohes Zwiebelgewächs; Blütezeit Mai–August. Blüten rosa, in dichter Blütenkugel an der Spitze des Stängels. Blätter rund und hohl wie Strohhalme, 3–5 mm breit, riechen zerrieben scharf-zwiebelartig. Die Wurzeln sind längliche, weiße Zwiebeln, von denen mehrere dicht beieinanderstehen.

Standort: Wächst wild in freier Natur nur in den Bergen, von wo aus er sich entlang den Flussläufen ausbreitet. Braucht lockeren und feuchten, nährstoffreichen Boden. Beliebtes Gartenkraut.

Tipps zur Verwendung: Die Blätter schmecken scharf-lauchartig. Sie werden geerntet, bevor die Pflanze ihre Blütentriebe herausschiebt, danach werden sie holzig. Schnittlauch treibt wieder aus und kann so mehrfach im Jahr geschnitten werden. Klein gehackte Blätter können frisch in Rührei, Kräuterquarks, Omeletts, Pesto, auf Brot, in Salate, Quiches und Gemüsepfannen gegeben werden. Auch Blütenknospen und Blüten sind essbar und schmecken überraschend pfeffrig-scharf. Eingelegt ergeben sie einen hervorragenden Essig (Seite 172), der die zusätzliche Beigabe von Pfeffer im Salat überflüssig macht. Sind die Blüten braun und trocken, können die kleinen schwarzen Samenkörner in der Pfeffermühle zum Würzen zermahlen werden. Im Herbst werden die Zwiebeln ausgegraben; man kann sie benutzen wie normale Küchenzwiebeln.

Wissenswertes: Schnittlauch am besten roh verwenden, nicht trocknen. Kochgerichten erst ganz zum Schluss beigeben oder nach der Garzeit überstreuen.

Wiesen-Knöterich, Schlangen-Knöterich

Bistorta officinalis

J F M **A M J J A S O** N D

Was wird gesammelt? Junge Blätter, möglichst vor der Blütezeit. Die Wurzel kann im Herbst geerntet werden.

Merkmale: 30–120 cm hohe Staude; Blütezeit Mai–August. Blüten rosa, in dichter Ähre an der Spitze des Stängels. Blätter bis 20 cm lang, am Rand wellig.

Standort: Nasse Wiesen und Gewässerufer.

Tipps zur Verwendung: Die jungen Blätter sind mit ihrem säuerlichen, an Wald-Sauerklee (Seite 25) erinnernden Geschmack eine Bereicherung für Salate, Suppen und Smoothies (Seite 164). Als Ersatz für »den Spritzer Zitrone« runden sie Quarkdips, Saucen, Frikadellen, Bratlinge und Kräutersalze geschmacklich ab. Es wird aber dazu geraten, Wiesen-Knöterich wegen der enthaltenen Oxalsäure (Seite 181) in Maßen zu verwenden, was Angesichts der Blattfülle, mit der er sich an seinen Standorten präsentiert, zugegeben schwerfällt. Die Wurzel enthält viel Stärke und Gerbstoffe, weshalb sie in Notzeiten geröstet und gemahlen gegessen wurde. Ihre S-förmige Krümmung gab der Pflanze den Namen »Schlangen-Knöterich«. Sie schmeckt herb-bitter, was sich etwas verliert, wenn man sie über Nacht wässert. Die zusammenziehend wirkenden Gerbstoffe nutzt man in der Volksmedizin in Form von Tee oder Pulver aus der getrockneten Wurzel gegen Durchfallerkrankungen, zum Gurgeln bei Rachenentzündungen und als Umschlag auf schlecht heilenden Wunden.

Wissenswertes: Könnte in Gewässernähe mit dem ähnlichen Wasser-Knöterich *(Polygonum amphibium)* verwechselt werden; dieser findet aber ebenso Verwendung.

Wiesen-Klee, Rot-Klee

Trifolium pratense

J F M **A M J J A S** O N D

Was wird gesammelt? Hauptsächlich finden die Blüten Verwendung, aber auch die Blätter sind essbar.

Merkmale: 10–50 cm hohe Staude; Blütezeit Mai bis September. Blüten rosa, in dichter, etwa 3 cm großer Blütenkugel an der Spitze des Stängels. Blätter 3-geteilt, jedes Teilblättchen hat eine weiße, pfeilförmige Zeichnung.

Standort: Sehr häufig auf nährstoffreichen Wiesen und an Wegrändern. Wird feldmäßig als Zwischenfrucht angebaut, um die Qualität des Bodens zu verbessern, kommt aber auch wild wachsend vor.

Tipps zur Verwendung: Rot-Klee enthält viel Eiweiß, Gerbstoffe, Vitamin C und Isoflavone (s. u.). Seine Blätter haben eher wenig Eigengeschmack, dienen aber als brauchbarer Eiweißlieferant. Die Blüten schmecken aufgrund des in ihnen enthaltenen Nektars süßlich. Sie passen gut als essbare Dekoration in Müslis, Obstsalate, eingebacken in Quiches und Kuchen und überstreut auf Smoothies und Pfannkuchen. Die Blüten werden traditionell als Heiltee für Frauen in den Wechseljahren und gegen Herz-Kreislauf-Erkrankungen verabreicht.

Wissenswertes: Enthält Isoflavone, die als pflanzliche Östrogene auch Einfluss auf den weiblichen Hormonhaushalt haben. Für Frauen in den Wechseljahren werden deshalb z. T. hochkonzentrierte Fertigprodukte aus Rot-Klee in Form von Kapseln, Tabletten, Tee und Cremes auf dem Markt angeboten. Bislang fehlen jedoch wissenschaftliche Nachweise zur Wirksamkeit sowie Untersuchungen zu Risiken einer Langzeit-Anwendung in dieser konzentrierten Form. Nicht anzuwenden während der Schwangerschaft und Stillzeit.

Echter Baldrian

Valeriana officinalis

J F M A **M J J A S O** N D

Was wird gesammelt? Blätter ab Mai in kleinen Mengen zum Würzen. Blüten im Juni und Juli, auch zum Trocknen auf Vorrat. Im September und Oktober können die Wurzeln gezogen werden.

Merkmale: 50–150 cm hohe Staude; Blütezeit Juni–August. Blüten rosa bis weißlich, viele kleine Blüten in einem dichten Blütenschirm an der Spitze des Stängels. Duften unangenehm. Blätter tief gefiedert. Dichtes, weißliches Wurzelwerk, das beim Trocknen widerwärtig riecht.

Standort: Bachufer und nasse Wiesen.

Tipps zur Verwendung: Baldrian zählt zu unseren ältesten Heilpflanzen, und zwar keineswegs als »Schlafmittel«! Die alten Ägypter und Germanen nutzen ihn als Allheilmittel gegen vielfältige Krankheiten, zur Stärkung der Abwehr und des Nervensystems sowie äußerlich zur Heilung von Wunden. Wissenschaftlich nachgewiesen ist seine entspannende und entkrampfende Wirkung auf Nerven und Muskulatur, wobei Baldrian dabei nicht müde macht, sondern im Gegenteil die Konzentrationsfähigkeit noch steigert. Seine fein zerkleinerten Blätter und ausgezupften Blüten sind eine gesunde Würze für Salate, Suppen, Smoothies, Kräutersalze und vieles mehr. Getrocknete Blüten und Wurzeln werden als Teevorrat genutzt. Am besten mit lauwarmem Wasser ansetztlen, 6–8 Stunden ziehen lassen und dann auf Trinktemperatur erwärmen, um die wertvollen Inhaltsstoffe zu erhalten.

Wissenswertes: Baldrian passt gut in den Garten, denn er ist nicht nur heilkräftig, sondern gleichzeitig auch eine dekorative Wildstaude. Die Wurzeln sollten erst ab dem 2. Jahr geerntet werden. Dabei stets nur einen Teil des Wurzelgeflechts entnehmen.

Wasser-Minze

Mentha aquatica

J F M A **M J J A S** O N D

Was wird gesammelt? Blätter (am besten kurz vor der Blüte) und Blüten.

Merkmale: 30–80 cm hohe Staude; Blütezeit Juli bis September. Blüten rosalila, dicht gehäuft. Blätter am Rand grob gezähnt, duften schon beim Vorbeistreifen intensiv nach Menthol.

Standort: An den Ufern von Gräben, Bächen und Teichen. Erträgt Überflutung und wächst sogar unter Wasser.

Tipps zur Verwendung: Bekannt ist die magenfreundliche Wirkung von Pfefferminztee. Doch auch Blätter und Blüten der wilden Wasser-Minze können zu Tees und als erfrischende Würze in Quarks, Salaten, Smoothies (Seite 164), Suppen, Rührei, Aufläufen und Quiches genutzt werden. Ein Sirup aus den Blättern ergibt ein sehr erfrischendes Sommergetränk: Dazu reichlich Minze-Blätter mit 1 l lauwarmen Wassers bedecken (alles muss mit Wasser bedeckt sein) und 24 Stunden ziehen lassen. Absieben und die Flüssigkeit in einem Topf mit 1 kg Zucker und 50 g Zitronensäure (aus der Apotheke oder Drogerie) erwärmen, aber nicht kochen, bis sich alles gelöst hat. Noch warm in wiederverschließbare Flaschen umfüllen. (Ist auch ohne Kochen durch den hohen Zuckergehalt 1 Jahr und länger haltbar.) Für eine Sommerlimo wird ein Schuss Sirup mit Mineralwasser aufgespritzt und auf viel zerstoßenem Eis mit einer Scheibe Limette serviert. Passt gut zu einem Snack aus Knäckebrot mit Minze-Quarkdip.

Wissenswertes: Die Echte Pfefferminze, die wir aus Pfefferminztee, Kaugummis und Zahnpasta kennen, entstand durch eine Kreuzung der Wasser-Minze und einer weiteren wild wachsenden Art, der Ähren-Minze.

Große Klette

Arctium lappa

J F M **A M J J A S O N** D

Was wird gesammelt? Junge Blatt- und Blütenstängel von April bis August. Wurzeln der einjährigen Pflanzen (die bereits eine Blattrosette ausgebildet haben, aber noch keine Blütenstängel) ab Oktober.

Merkmale: 50–150 cm hohe, zweijährige Pflanze; Blütezeit Juli–September. Blüten rosalila, in dichten Blütenkörbchen, die von hakig gekrümmten, weichen Stacheln umgeben sind. Stängel rötlich und tief gefurcht. Blätter mächtig, bis 50 cm groß. Im ersten Lebensjahr bildet die Pflanze nur ihre kräftige Pfahlwurzel und eine Blattrosette; erst im darauf folgenden Jahr blüht sie dann auch.

Standort: Nährstoffreiche Wegränder und Wiesen, Ödland, Zäune.

Tipps zur Verwendung: Junge Stängel werden geschält und als Spargel-ähnliches Gemüse gekocht oder klein geschnitten und roh in Salate gemischt. Ihr angenehmer Geschmack macht sie auch zu einem guten und gesunden Massegeber in Smoothies (Seite 164). Die Wurzeln der einjährigen Pflanzen ergeben, abgebürstet (nicht schälen) und klein geschnitten, ein gutes Gemüse. Sie können frisch verwendet oder getrocknet werden. Bekannt sind Kletten-Wurzeln wegen ihrer Heilkräfte: Sie wirken antibiotisch und finden innerlich als Tee oder äußerlich als Auszugsöl (Seite 172) Verwendung. Sie enthalten bis zu 45 % Inulin, einen süßlich schmeckenden, aber dabei kalorienarmen Ballaststoff, der die gesunde Darmflora unterstützt.

Wissenswertes: Die ähnliche, ebenfalls häufig vorkommende Filzige Klette *(Arctium tomentosum)* sowie die Kleine Klette *(Arctium minus)* können ebenso verwendet werden.

Borretsch

Borago officinalis

J F M **A M J J A S** O N D

Was wird gesammelt? Blüten und sehr junge, zartgrüne Blätter in geringen Mengen zum Würzen und Dekorieren (Warnhinweis zu bedenklichen Inhaltsstoffen s. u.).

Merkmale: 30–80 cm hohes Kraut; Blütezeit Mai bis September. Blüten unverwechselbar, wie blaue Sterne, 2–3 cm groß. Blätter und Stängel borstig behaart (s. auch Verwechslungsart Fingerhut, Seite 87).

Standort: Ursprünglich am Mittelmeer beheimatet, wird der Borretsch bei uns gern in Bauern- und Kräutergärten angepflanzt. Verwildert gelegentlich.

Tipps zur Verwendung: Manche kennen ihn vielleicht unter dem Namen »Gurkenkraut«. Tatsächlich schmecken seine Blätter gurkenartig-säuerlich. Jedoch sollten nur ganz junge, saftige und noch weniger borstig behaarte Blätter gekostet werden. Die auffallend hübschen, kornblumenblauen Blütensterne sind ein essbarer Blickfang auf Butterbrötchen, Salaten, Quiches, eingefroren in Eiswürfeln oder aufgespießt mit einem Stück Käse und einer Cocktailtomate. Borretsch ist übrigens eines der 7 traditionellen Kräuter, das in die kalt gerührte »Frankfurter Sauce« (Seite 163) gehört. Kleine Sträuße dieser 7 Kräuter sind in der Vegetationszeit auf regionalen Wochenmärkten erhältlich. Wer aufgrund der Warnhinweise keinen Borretsch mehr zu sich nehmen möchte, könnte ihn z. B. durch Gänseblümchen oder Löwenzahn ersetzen.

Wissenswertes: Achtung! Wie neuere wissenschaftliche Untersuchungen zeigen, enthalten Blätter und Blüten giftige Pyrrolizidinalkaloide (Seite 180), die in größeren Mengen krebserregend und leberschädigend wirken. Entscheiden Sie bitte selbst, ob Sie Borretsch verwenden möchten.

März-Veilchen, Wohlriechendes Veilchen

Viola odorata

J F **M A M J J A S O** N D

Was wird gesammelt? Blüten, Blätter und Wurzeln.
Merkmale: 5–15 cm hohe Staude; Blütezeit März bis April. Blüten dunkelviolett, um 2 cm groß und intensiv süß duftend. Blätter in einer Rosette der Wurzel entspringend, herzförmig mit gekerbtem Rand.
Standort: Gedeiht an halbschattigen Standorten mit eher lehmigen Böden, oft siedlungsnah. An Wald- und Wegrändern, auf Friedhöfen, in schattigen Gärten und Parks nicht selten. Ursprünglich als Zier- und Heilpflanze angebaut und wohl nachträglich verwildert.
Tipps zur Verwendung: Die Blüten enthalten viel ätherisches Öl und sind beliebt zur Bereitung eines fein duftenden Veilchen-Essigs: 2 Handvoll Blüten in einem Schraubgefäß mit 500 ml Weißweinessig übergießen und 3 Wochen an einem warmen Ort ziehen lassen, dabei möglichst täglich 1 × schütteln. Wichtig ist, dass alle Blüten untergetaucht sind, weil herausschauende Pflanzenteile schimmeln. Ergibt nicht nur ein zartes Aroma, sondern zugleich eine außergewöhnliche rosalila Färbung. Die Blüten können im Essig verbleiben, solange sie von Flüssigkeit bedeckt sind, danach besser absieben. Auch Süßspeisen, Säfte, Blütensalze (Seite 168), Blütenbutter (Seite 169), Sirup und Liköre lassen sich mit den Blüten aromatisieren. Veilchen-Blätter können Smoothies, Quarks, Dips und Salaten beigegeben werden. Aus Blüten, Blättern und den scharfen Wurzeln wird ein Heiltee gegen Kopfschmerzen, Husten und zur Blutreinigung bereitet.
Wissenswertes: Nur das März-Veilchen hat so duftende Blüten. Sollte es dennoch zu einer Verwechslung mit anderen Veilchen kommen, so macht es nichts, da diese ebenso genutzt werden können.

Wiesen-Salbei

Salvia pratensis

J F M **A M J J A** S O N D

Was wird gesammelt? Blüten und Blätter.

Merkmale: 30–60 cm hohe Staude; Blütezeit Mai bis August. Blüten blaulila, zahlreich in Stockwerken in kerzenartigem Blütenstand. Blätter runzelig, am Rand gewellt, duften beim Zerreiben angenehm würzig.

Standort: Sonnige, trockene und nährstoffarme Weg- und Straßenränder, Magerwiesen, Bahndämme und Ödland.

Tipps zur Verwendung: Der Geschmack von Salbei ist so einzigartig, dass jeglicher Vergleich unweigerlich hinkt, man muss ihn einfach probiert haben und wird ihn nie wieder vergessen! Seine Blüten und Blätter bereichern frisch oder getrocknet Saucen, Quarks, Kräutersalze (Seite 168), Quiches, Suppen, Fleischgerichte, Kräuterschnäpse (Seite 173) und Pizza. Ein Zuckeraufguss mit 2 Handvoll Blüten ergibt einen aromatischen, pinkfarbenen Sirup (Rezept s. Wasser-Minze, Seite 70) und aufgespritzt mit Mineralwasser ein besonderes Sommergetränk. Beliebt bei Kindern sind Salbei-Pfannkuchen: Einfach 2 Handvoll Salbei-Blüten in den Pfannkuchenteig mischen und mitbraten. Den fertigen Pfannkuchen mit Puderzucker und fein gehackten Blüten bestreuen.

Wissenswertes: Der im Mittelmeerraum beheimatete Echte Salbei (s. rechts) enthält dieselben Inhaltsstoffe, nur in höherer Konzentration und wird daher auch arzneilich genutzt. Wie bei allen Kräutern macht die Dosis das Gift: Salbei enthält neben seinen vielen heilsamen Wirkstoffen auch den Bitterstoff Thujon, den man aus wermuthaltigen Spirituosen kennt und der regelmäßig oder in höheren Dosierungen eingenommen giftig wirkt.

Echter Salbei, Garten-Salbei

Salvia officinalis

J F **M A M J J A S O** N D

Was wird gesammelt? Blüten und Blätter.
Merkmale: 30–70 cm hoher Halbstrauch; Blütezeit Mai–Juli. Blüten bläulichlila, 2–3 cm, in lockerem, kerzenartigem Blütenstand. Stängel am unteren Ende verholzt. Blätter dicklich und runzelig, Unterseite behaart, beim Zerreiben aromatisch duftend.
Standort: Wächst wild im Mittelmeerraum, bei uns als Würz- und Heilpflanze in Gärten kultiviert, gelegentlich verwildert. Viele Zuchtformen.
Tipps zur Verwendung: Salbei zählt zu den ältesten und besten Würz- und Heilkräutern überhaupt. Der Echte Salbei findet in der Küche ebenso Verwendung wie der Wiesen-Salbei *(Salvia pratensis*, s. links). Da er einen höheren Gehalt an ätherischen Ölen, Gerb- und Bitterstoffen, Saponinen und Phytohormonen aufweist, wird er zusätzlich arzneilich und auch gern in Räuchermischungen genutzt (Seite 179). Gegen Husten und Halsweh mehrmals täglich ein Salbei-Blatt kauen; das schmeckt etwas bitterscharf, wirkt aber wirklich Wunder, da Salbei keimtötend und entzündungshemmend ist. Auch als guter Heiltee zu verwenden; die leichte Bitterkeit lässt sich mit etwas Honig mildern. Salbei macht fette Speisen bekömmlicher, da er verdauungsfördernde Inhaltsstoffe besitzt. Deshalb wird er auch gern selbst angesetzten Magenbittern (Seite 172) beigegeben.
Wissenswertes: Wegen der östrogenhaltigen Inhaltsstoffe, die regulierend auf den weiblichen Hormonhaushalt wirken, wird Salbei auch gern Mädchen in der Pubertät und Frauen in den Wechseljahren verabreicht. Salbei enthält neben seinen vielen heilsamen Wirkstoffen auch den Bitterstoff Thujon. Achtung! Nicht geeignet für Schwangere und stillende Mütter.

Kriechender Günsel

Ajuga reptans

J F **M A M J J** A S O N D

Was wird gesammelt? Blüten und Blätter.
Merkmale: 10–30 cm hohe, Ausläufer bildende Staude; Blütezeit April–Juli. Blüten blaulila, in aufrechtem, kerzenartigem Blütenstand an der Spitze des Stängels (vgl. mit dem ähnlichen Gundermann, s. rechts). Stängel 4-kantig, behaart. Blätter sich immer gegenüberstehend, beim Zerreiben nicht aromatisch duftend (vgl. Gundermann).
Standort: Wald und Gebüschsäume und halbschattige Wiesen; bevorzugt lehmig-feuchte Böden.
Tipps zur Verwendung: Die blauen Blüten liefern schöne Farbtupfer in Quarks, Kräuterbutter (Seite 169), Salaten oder einfach auf Brot. Seine bitterherben Blätter würzen Salatsaucen, Bitterschnäpse (Seite 172), Braten und Kartoffelgerichte. Medizinisch wird ein Tee aus Günsel aufgrund seiner zusammenziehenden und antibakteriell wirkenden Inhaltsstoffe sowohl innerlich als auch äußerlich (Umschläge, Bad) geschätzt. Er hilft, Wunden zu verschließen, wirkt als Tee gegen Magen-Darm-Verstimmungen und als Gurgelwasser gegen Rachenentzündung und Husten. Volksmedizinisch wird er auch als Mittel zur Behandlung von altersbedingten Schmerzen wie Rheuma, Arthrose und Hexenschuss eingesetzt.
Wissenswertes: Der Günsel zählt zu den Kräutern, die der Mensch aus unerfindlichen Gründen nach und nach aus den Augen verloren hat. Tatsächlich ist er ein beachtenswertes Heilkraut, das auch noch eine überaus gute Figur als Bodendecker an halbschattigen Plätzchen im Garten macht. Mit seinen Ausläufern bildet er bald hübsche blaue Teppiche an Gebüschsäumen oder im Schatten von Mauern, wird dabei aber niemals lästig wie der Giersch.

Gundermann

Glechoma hederacea

J F **M A M J** J A S O N D

Was wird gesammelt? Blüten und möglichst junge Blätter, auch noch während der Blütezeit.

Merkmale: 10–40 cm hohe Staude; Blütezeit April bis Juni. Blüten lilablau, im Gegensatz zum ähnlichen Günsel (s. links) eher locker am Stängel angeordnet. Blätter herzförmig, am Rand deutlich wellig eingebuchtet, duften beim Zerreiben aromatisch. Obere Blätter rötlich.

Standort: Wiesen- und Wegränder, Rasen und Ufer.

Tipps zur Verwendung: Gundermann ist ein hervorragendes Würzkraut mit einem ganz eigenen, unverwechselbaren Geschmack. Wegen seines hohen Gehalts an ätherischen Ölen sollte er aber sparsam und tatsächlich nur als Würze genutzt werden. Da er zeitgleich mit dem Rhabarber in unserem Garten erscheint, ist unser Frühlings-Lieblingsrezept Pfannkuchen mit Rhabarber-Gundermann-Marmelade: 500 g frischen Rhabarber schälen und grob zerkleinern, mit 1 Tasse Wasser und 250 g Gelierzucker (2 : 1) aufkochen. 3 Stängel mit Blüten und Blättern vom Gundermann hineingeben und nochmals kurz aufwallen lassen. Noch heiß in heiß ausgewaschene Gläser abfüllen und fest verschließen. Die Gundermann-Triebe können in den Gläsern verbleiben, dürfen nur nicht oben rausgucken, sonst schimmeln sie. Schmeckt unvergleichlich lecker. Gundermann passt auch gut als Würze in Salate, Suppen, Quarks, Smoothies (Seite 164) Omeletts, Süßspeisen und Bratlinge und dient zum Aromatisieren von Apfelsaft, Bowle, Likören und Schnäpsen (Seite 173).

Wissenswertes: Enthält Gerbstoffe, die wundheilend und zusammenziehend wirken.

Wegwarte

Cichorium intybus

J F **M A M J J A S O N** D

Was wird gesammelt? Die Blätter der bodenständigen Rosette am besten vor der Blüte von März bis Juni. Auch die zarten, sich ab Mai aus der Rosette schiebenden Stängel können verwendet werden. Blütenknospen (als Kapernersatz, Seite 171) und Blüten stehen reichlich ab Juli bis in den Herbst hinein zur Verfügung. Die Wurzel sticht man nach der Blütezeit ab Oktober.

Merkmale: 30–150 cm hohe, sparrig verzweigte Staude; Blütezeit Juli–Oktober. Blüten himmelblau, um 3 cm, öffnen sich nur am Vormittag bei schönem Wetter. Blätter in bodenständiger Rosette erinnern an Löwenzahn. Langer, fleischiger Wurzelstock.

Standort: Sonnige Weg- und Straßenränder mit eher feuchten Lehmböden, Naturgärten. Erträgt gelegentliches Mähen.

Tipps zur Verwendung: Junge Blätter und Stängel haben einen herb-bitteren Geschmack und passen roh in nicht zu großen Mengen gut in Blatt- und Kartoffelsalate, Quarks und Smoothies. Die enthaltenen Bitterstoffe haben eine ausgesprochen positive Wirkung auf alle inneren Organe wie Leber, Milz, Galle, Niere, Magen und Darm. Noch im Mittelalter galt die Wegwarte daher als wahres »Zauberkraut«. Die Blüten sind eine hübsche essbare Dekoration für Obstsalate, Blütenquarks, Blüten-Butterbrote und Blüten-Kräuterbutter (Seite 169). Die Wurzel enthält besonders viele magenstärkende Inhaltsstoffe und wird frisch als Gemüse gegessen, getrocknet als Tee aufgebrüht oder Magenbittern beigegeben.

Wissenswertes: Klein geschnitten, im Ofen geröstet und gemahlen, ergibt die Wurzel den berühmten Kaffee-Ersatz »Muckefuck«.

Kornblume

Centaurea cyanus

J F M A M **J J A S** O N D

Was wird gesammelt? Die himmelblauen Blütenköpfe. Sie werden entweder frisch genutzt oder zügig im Dunklen zum Trocknen ausgelegt. Das funktioniert gut im Backofen bei ca. 40–50 °C (braucht etwa 30 Minuten). Es können auch ganze Stängel zum Trocknen aufgehängt werden.

Merkmale: 20–100 cm hohes einjähriges Ackerwildkraut; Blütezeit Juni–September. Blüten »kornblumenblau«, 2–4 cm groß. Blätter schmal-lanzettlich.

Standort: Getreideäcker, Rapsfelder, Ödland, Wegränder und Gärten.

Tipps zur Verwendung: Mit dem besonderen Blau von Kornblumen-Blüten lassen sich sommerliche Salate, Butterbrote, Kuchen, Quarkspeisen, Pfannkuchen, Quiches und Kräuterbutter (Seite 169) im Handumdrehen verschönern. Sie schmecken nicht nach viel, eher leicht bitter, wobei genau diese gesunden Bitterstoffe Leber und Galle anregen und so auf natürliche Weise unsere Verdauungsorgane unterstützen. Getrocknet sind Kornblumen-Blüten eine schöne Bereicherung für Kräutersalze (Seite 168) und Teemischungen. Sie geben Tees nicht nur eine hübsche Farbe, sondern wirken mit den in ihnen enthaltenen Gerbstoffen, Anthocyanen und Flavonoiden (Seite 180) entzündungshemmend, blutreinigend, schleimlösend (gut in Hustentees) und stärken unser Immunsystem.

Wissenswertes: Wegen einer möglichen Belastung mit Düngemitteln und Pestiziden in Ackernähe empfehlen wir die Aussaat im eigenen Garten oder Hinterhof, wo Kornblumen zusammen mit Margeriten und Schafgarbe im Nu zauberhafte, pflegeleichte und essbare Wildblumenrabatten bilden.

Brennnessel

Urtica dioica

J **F M A M J J A S O N** D

Was wird gesammelt? Triebspitzen, die oberen, zarten Blätter und Samen. Wegen der Brennhaare die Blätter und Stängel am besten mit der Schere abschneiden oder mit Handschuhen abknipsen. Beim Ernten der kleinen Samen ist Fingerspitzengefühl gefragt. Auf gemähten Wiesen und Wegrändern treiben Brennnesseln stets frisch nach und so verlängert sich die Erntezeit bis in den Herbst.

Merkmale: 30–250 cm hohe Staude; Blütezeit Juni–Oktober. Blüten klein und unscheinbar, hängen in Rispen wie Lametta im oberen Teil des Stängels. Stängel 4-kantig, mit Brennhaaren. Blätter mit grob gesägtem Rand und ebenfalls zahlreichen Brennhaaren.

Standort: Wald- und Wegränder, Ufer, Wiesen.

Tipps zur Verwendung: Brennnesseln enthalten viel Eiweiß, Vitamin C, Magnesium, Kalium und Eisen; da kann kein gezüchteter Salat mithalten. Die Brennhaare verlieren ihre Wirkung, wenn man sie kurz in einem trockenen Geschirrtuch durchwalkt und anschließend klein hackt. Wer ganz sichergehen will, dünstet sie kurz an. Ihr Geschmack ist angenehm spinatartig. Unsere Lieblingsverwendung sind gedünstete Brennnesseln, schichtweise in Lasagne eingearbeitet, und kaum ein Smoothie (Seite 164) kommt ohne 1 Handvoll Brennnesseln aus. Sie passen aber auch in Salate, Suppen, Pestos und Gemüsepfannen. Sehr gesund sind die nussartig schmeckenden Samen; roh oder geröstet in Salaten oder über Gerichte gestreut.

Wissenswertes: Brennnessel-Tee aus frischen oder getrockneten Brennnesseln dient als Frühjahrskur zur Blutreinigung und Entschlackung.

Spitz-Wegerich

Plantago lanceolata

J F **M A M** J J A S O N D

Was wird gesammelt? Junge Blätter möglichst aus der Mitte der Rosette und vor der Blütezeit. Ältere Blätter vertragen einen Rückschnitt; schon bald treiben dann zartgrüne Blätter nach. Auch die Knospen sind essbar, solange sie noch dunkel sind, also bevor die gelben Staubfäden daran zu sehen sind.
Merkmale: 10–40 cm hohe Staude; Blütezeit Mai bis September. Winzige Blüten bilden eine eiförmige Ähre an der Spitze des blattlosen Stängels. Blätter schmal-lanzettlich, 10–20 cm lang, in grundständiger Rosette.
Standort: Häufig auf und an Wegen, Wiesen und Rasen.
Tipps zur Verwendung: Wegerich-Blätter und -Knospen schmecken säuerlich-bitter und passen klein gehackt in Salate, Smoothies, Risottos und statt Schnittlauch in Rührei. Das schmeckt nicht nur mal anders, sondern ist auch sehr gesund: Denn neben viel Vitamin C enthält Wegerich auch reichlich Kieselsäure, Zink, Schleimstoffe und Flavonoide (Seite 180–181) und zählt mit seinen antibakteriellen Eigenschaften zu den besten und häufigsten Heilpflanzen vor unserer Haustür. Als Tee hilft er gegen hartnäckige Entzündungen der oberen Luftwege sowie des Magen- und Darmtraktes. Zerquetscht man seine Blätter, bis Saft austritt, so lindert dieser Brei Insektenstiche und hilft bei der Wundheilung. Da er überall häufig wächst, kann dieses »Indianerpflaster« besonders auf Spaziergängen mit Kindern durch die Natur ausgesprochen hilfreich sein.
Wissenswertes: Der Breit-Wegerich *(Plantago major)* mit breit-eiförmigen Blättern ist gleichermaßen essbar, wobei aber die Blätter vom Spitz-Wegerich zarter sind.

Sauerampfer

Rumex acetosa

J F **M A M J J A** S O N D

Was wird gesammelt? Nur die obersten, zartgrünen Blätter. Sauerampfer enthält ebenso wie Wald-Sauerklee die schwach giftige Oxalsäure (Seite 181). Daher empfehlen wir, ihn nur in Maßen zu sammeln und zu genießen.
Merkmale: 30–100 cm hohe Staude; Blütezeit Mai–August. Auffällig sind am Sauerampfer am ehesten die großen, pfeilförmigen Blätter. Blüten rötlich, klein und unscheinbar in einem ährenartigen Blütenstand. Zu Verwechslungen könnte es mit weiteren, ähnlichen Ampfer-Arten kommen, die aber ebenso verwendet werden.
Standort: Sauerampfer wächst besonders gern auf gegüllten Wiesen und an nährstoffreichen Straßenrändern. Daher achte man bei diesem Wildkraut bitte besonders auf den richtigen Sammelort wie extensiv genutzte Feuchtwiesen. Er gedeiht übrigens auch gut an halbschattigen Standorten vor Gebüschsäumen im eigenen Garten.
Tipps zur Verwendung: Da er auch mehrfaches Mähen übersteht, lassen sich junge Blätter von Frühjahr bis Sommer finden bzw. im eigenen Garten ernten. Sie schmecken angenehm säuerlich und wirken entschlackend und blutreinigend. Daher nutzt man sie auch gern für Frühjahrskuren. Als Würzkraut passen die gehackten Blätter besonders gut in Salate, Quarks, Smoothies (Seite 164), in Suppen sowie zu allen Eier- und Kartoffelgerichten. Zur Berühmtheit gelangt das eher unscheinbare Kraut in der französischen Sauerampfersuppe sowie als eines der 7 Kräuter in der traditionellen Frankfurter Grünen Sauce (Seite 163).
Wissenswertes: Schon die alten Ägypter und Römer schworen auf den Sauerampfer.

Gewöhnlicher Beifuß

Artemisia vulgaris

J F M A **M J** J A S O N D

Was wird gesammelt? Die oberen Triebspitzen im Mai und Juni; gut geeignet zum Trocknen.

Merkmale: 50–150 cm hohe Staude; Blütezeit Juli bis Oktober. Blüten klein, rotbraun-gelblich, dicht gedrängt an den oberen Verzweigungen des Stängels. Blätter gefiedert, unterseits weißfilzig, duften beim Zerreiben aromatisch. Stängel steif, rötlich und kantig.

Standort: Sehr häufig an Wegrändern, Flussufern und auf Ödland.

Tipps zur Verwendung: Ausgerechnet dieses struppige, besenartige Allerweltskraut wird seit Jahrtausenden als »Mutter aller Heilpflanzen« geschätzt. Grund dafür sind seine wertvollen Gerbstoffe, Flavonoide, ätherischen Öle und der Bitterstoff Thujon (Seite 180). Beifuß macht damit fette Speisen bekömmlicher; so gehört er zu Weihnachten unbedingt in den Gänsebraten. Darüber hinaus wirkt er krampflösend, entspannend und wärmend, weshalb sich das Kraut einen festen Platz in der Frauenheilkunde sichern konnte. Es kann Bitterschnäpsen und Kräuterweinen (Seite 173) beigegeben oder als (wirklich bitter schmeckender) Tee eingenommen werden. Achtung! Beifuß-Pollen können Allergie-auslösend wirken. Bekannt sind Kreuzallergien mit Sellerie, Karotten und bestimmten Gewürzen wie Pfeffer und Petersilie (»Sellerie-Karotten-Beifuß-Gewürz-Syndrom«). Da Beifuß wehenfördernd wirkt, sollte während einer Schwangerschaft darauf verzichtet werden.

Wissenswertes: Noch deutlich bitterer schmeckt das verwandte Würzkraut Wermut *(Artemisia absinthum)*, das deshalb auch als »Bitterer Beifuß« bezeichnet wird.

Queller

Salicornia spec.

J F M A **M J J A** S O N D

Was wird gesammelt? Die oberen Triebspitzen.
Merkmale: 5–40 cm hohes, kaktusähnliches, dickfleischiges Kraut; Blütezeit Juli–September. Blüten sehr klein und unscheinbar. Seine wenigen Blätter sind dickfleischig und liegen den Stängeln schuppenförmig an, sie sind als solche kaum zu erkennen. Die ganze Pflanze färbt sich im September rötlich und stirbt im Herbst ab.
Standort: Häufige Pflanze auf regelmäßig überfluteten Wattflächen der Meeresküste und auf regelmäßig vom Meerwasser überschwemmten Salzwiesen.
Tipps zur Verwendung: Im Westen Europas gilt der Queller, insbesondere in den Küstenregionen Frankreichs und Englands, schon lange als Delikatesse. Dort wird er unter dem Namen »Passe-Pierre« und süß-sauer eingelegt unter dem Namen »Pickled Samphire« gehandelt. Nach und nach erobert das schmackhafte Wildgemüse nun auch die mitteleuropäische Küche. Uns Schleswig-Holsteinern ist er übrigens als »Salzstangen des Nordens« schon von Kindesbeinen an bekannt. Sein Geschmack ist salzig-pfeffrig und meist sandig, daher gründlich waschen. Er kann einfach roh geknabbert oder in Salate gemischt werden, dann bitte Salz reduzieren. Sehr lecker schmeckt er auch kurz gekocht und anschließend mit einem Dressing aus Olivenöl, Knoblauch und Zitronensaft beträufelt. Oder süß-sauer eingelegt wie Gurken. Passt gut zu allen Meeresfrüchten, zu Kartoffeln, Reis und Tomaten.
Wissenswertes: Zu seiner bekannteren nahen Verwandtschaft zählen übrigens Spinat und Mangold.

Hopfen

Humulus lupulus

J F **M A** M J **J A** S O N D

Was wird gesammelt? Im März und April werden die soeben aus der Erde ragenden, noch bleichen Sprosse als »wilder Spargel« auf einer Länge von 10–25 cm ausgegraben (mühsam!). Immer nur den biegsamen, noch unverholzten Teil ernten. Ab Juli werden die zapfenähnlichen, weiblichen Blütenstände abgeknipst. Achtung! Hopfen-Stängel und -Blätter tragen sehr raue Borsten, die beim Berühren allergische Hautreaktionen hervorrufen können.

Merkmale: Bis zu 6 m hoch windende, sehr kräftige Schlingpflanze; Blütezeit Juli–August. Man unterscheidet männliche und weibliche Pflanzen; nur die weiblichen Exemplare tragen die typischen Hopfen-Zapfen. Blätter in 3–5 Lappen geteilt, borstig behaart und nicht essbar. Stängel 4-kantig und ebenfalls steif borstig behaart.

Standort: An Waldrändern, in verwilderten Gebüschen, besonders gern in flussnahen Auwäldern.

Tipps zur Verwendung: Die jungen, biegsamen Triebe werden ungeschält wie Spargel zubereitet und genossen. Berühmt ist der Hopfen für die Verwendung seiner Zapfen, die dem Bier seinen unverwechselbaren Geschmack verleihen. Die enthaltenen Bitterstoffe schmecken nicht nur gut, sondern wirken außerdem beruhigend, entkrampfend und antibakteriell. Daher ist ein Tee aus den Zapfen (sehr gut in Kombination mit Baldrian-Wurzel und Zitronenmelisse) eine gute Hilfe zum Einschlafen und gegen Migräne.

Wissenswertes: Eignet sich gut als kräftig rankende Gartenpflanze. Bitte darauf achten, dass es wirklich eine weibliche Hopfenpflanze ist, und diese nur einzeln setzen, da Hopfen stark wuchert.

Hundspetersilie

Aethusa cynapium. Bis 1 m hohes Kraut auf Wiesen und an Wegrändern. Blütezeit Juni-Oktober. Weiße Blütendolde aus 10–20 Döldchen. Unter jedem Döldchen 2–3 Hüllblättchen. Blätter glänzend, stinken widerwärtig. Geschmack scharf-brennend. Stängel glatt, hohl, unbehaart. **Verwechslungsmöglichkeit mit echter Petersilie (Blütendolde grünlichgelb), Glatter Gartenpetersilie und Wilder Möhre (Blütendolde aus 15–30 Döldchen, darunter stets zahlreiche Hüllblättchen, Seite 29), deren Blätter aber angenehm duften. Einnahme führt über Erbrechen und Durchfall bis zur Atemlähmung. Tödlich giftig!**

Gefleckter Schierling

Conium maculatum. 1–2 m hohes Kraut an Wegrändern, Gebüschen und auf Ödland. Blütezeit Juni bis August. Große, weiße Blütendolde aus 10–20 Döldchen. Blätter 2- bis 4-fach gefiedert, stinken nach Mäuseharn. Stängel kahl, mit Längsrillen, besonders an der Basis rot gefleckt. **Verwechslungsgefahr mit Wilder Möhre (Seite 29) und Wiesenkerbel (Seite 31), die aber gut duften. Zählt zu den stärksten Giftpflanzen. Der widerwärtige Geruch verhindert aber meist Verwechslungen. Mit dem »Schierlingsbecher« entledigte man sich in der Antike unliebsamer Widersacher, darunter der Philosoph Sokrates.**

Maiglöckchen

Convallaria majalis. 10–25 cm hohe Staude in Laubwäldern, Gebüschen und Gärten. Blütezeit Mai–Juni. Blüten weiße, nickende Glöckchen am Ende des blattlosen Stängels. Blätter von fester Beschaffenheit, mit glänzender Unterseite. Es wachsen immer zwei ineinandergerollte Blätter aus einem Stängel und umfassen ihn bis zum Grund. **Nicht blühende Maiglöckchen werden oft mit dem Bärlauch (weiche, lang gestielte Blätter mit matter Unterseite, wachsen immer einzeln und duften nach Knoblauch, Seite 24) verwechselt. Enthält in allen Pflanzenteilen Herzgifte, die bei entsprechender Dosis bis zum Herzstillstand führen können.**

Aronstab

Arum maculatum. 15–40 cm hohe Staude in feuchten Laubwäldern, Gebüschen, Hecken und Gärten; Blütezeit April–Juni. Unverwechselbare Blüte mit einem großen, weißen Hochblatt. Junge Blätter ab März, länglich-eiförmig. Erst kurze Zeit später entfalten sie ihre typische Pfeilform; nun wird auch die netzartige Aderung deutlich. **Ganz junge Blätter können vor der Blütezeit mit dem Bärlauch (Blattgeäder verläuft parallel) verwechselt werden, insbesondere, da sie zeitgleich und an ähnlichen Standorten erscheinen. Enthält Oxalsäure (Seite 181), die ein Brennen in Mund und Rachen sowie Magen-Darm-Beschwerden verursacht.**

Herbstzeitlose

Colchicum autumnale. 5–40 cm hohes Zwiebelgewächs mit krokusartiger Blüte; Blütezeit jedoch erst August–November (Name!). Wächst auf Feuchtwiesen, in flussnahen Laubwäldern und Gärten. Die Blätter erscheinen ab Mitte März. Typisch für die Blätter der Herbstzeitlosen ist, dass stets mehrere Blätter ineinander verschachtelt sind. Die Blattspitze ist abgerundet. **Im Frühjahr gewisse Verwechslungsgefahr mit Bärlauch (Seite 24). Enthält in allen Pflanzenteilen Colchicin, das bereits in geringer Dosis über Schluckbeschwerden und Durchfälle nach 1–2 Tagen zum Tod durch Atemlähmung führt.**

Fingerhut

Digitalis purpurea. 0,5–1,5 m hohe zweijährige Staude auf Waldlichtungen und in Bauerngärten. Blütezeit Juni–August. Blütenglocken rosa, pink oder weißlich. Rosettenblätter und untere Stängelblätter weich, lang gestielt, runzelig, eiförmig, mit weißfilziger Unterseite. **Vor der Blütezeit besteht Ähnlichkeit mit den Blattrosetten von Borretsch (Blätter rau, hart), Königskerze und Gurke. Enthält herzwirksame Digitalis-Glykoside; bereits der Verzehr weniger Blätter kann zum Herzstillstand führen. Um Verwechslungen auszuschließen, bitte nur an eindeutig bekannten Standorten sammeln!**

Beeren und Früchte

Wildfrüchte sind wirklich ein Fest für die Sinne. Doch in ihren vollen Genuss kommt nur, wer ihre speziellen Eigenarten kennt und beherzigt.

Ernten Sie bitte nur, was Sie wirklich eindeutig erkennen!

Manche Wildfrüchte wie Wildapfel, Schwarze Holunderbeeren (s. Foto) und Vogelbeeren dürfen nur gekocht gegessen werden. Roh sind sie sogar schwach giftig!

Hagebutten und Kornelkirschen schmecken erst vollreif (außen fühlen sie sich noch fest an, innen sind sie bereits weich).

Andere wie Schlehen-Früchte sind erst nach den ersten Frösten genießbar.

Die Früchte von Speierling, Wildbirne und Mispel können erst überreif verwertet werden.

Kratzbeere

Rubus caesius

J F **M A M J J A S** O N D

Was wird gesammelt? Junge Triebspitzen und zarte Blätter stehen bereits ab März zur Verfügung; dann sind die Stacheln noch weich. Blüten und auch reifere Blätter finden sich den ganzen Sommer hindurch bis in den Herbst. Reife Beeren können ab August gepflückt werden.
Merkmale: Bis 1 m hoher Strauch, der im Gegensatz zur Echten Brombeere (s. rechts) nur haarfeine, gerade gerichtete Stacheln trägt, die sich eher kratzig anfühlen (Name!), als dass sie stechen. Blütezeit Mai–September. Blüten weiß, 5-zählig, in lockeren Trauben. Blätter immer 3-teilig (Brombeere: auch 5- bis 7-teilig). Früchte ähneln Brombeeren, bestehen aber aus deutlich weniger »Kügelchen« als diese und sind deutlich erkennbar weißlich bereift. Beim Pflücken zerfallen sie meist schon in der Hand. Fruchtreife August–September.
Standort: Hecken, Wald- und Wegränder, Ufer; benötigt kalkhaltige Böden.
Tipps zur Verwendung: Kratzbeeren schmecken lange nicht so aromatisch-süß wie Brombeeren. Dennoch können sie ebenso verwendet werden wie diese (s. rechts). Wir nutzen von dem Strauch jedoch lieber die jungen Triebspitzen, Blüten und Blätter, da diese längst nicht so unangenehm stachelig sind wie die der Echten Brombeere – und ebenso gesund! Sie enthalten 8–14 % magenfreundliche Gerbsäuren (Seite 181), außerdem Pflanzensäuren und Flavonoide und passen gut in Salate, Smoothies und Gemüsegerichte. Getrocknet liefern sie einen blutreinigenden, bekömmlichen Tee.
Wissenswertes: Auch Blüten und Blätter der Echten Brombeere (s. rechts) können genutzt werden wie die der Kratzbeere.

Echte Brombeere

Rubus fruticosus

J F M A M J J **A S O** N D

Was wird gesammelt? Die Früchte, wenn sie schon etwas weich sind und sich leicht ablösen lassen.

Merkmale: Sehr dorniger Strauch mit bogig überhängenden, bis zu 200 cm langen Ästen, die auch kriechen und neu anwurzeln und so undurchdringliche Dornengestrüppe bilden können. Blütezeit Juni–Juli. Blüten weiß bis rosa, 5-zählig, in lockeren Rispen. Blätter 3- bis 7-fach geteilt (vergleiche Kratzbeere links), an den Blattadern ebenfalls stachelig. Früchte schwarz glänzend. Fruchtreife August–Oktober.

Standort: Überall häufig in Hecken, Gebüschen, Wäldern und Gärten.

Tipps zur Verwendung: Brombeeren enthalten viele Gerbstoffe, Mineralien, Vitamine und Flavonoide (Seite 180) und sind damit außerordentlich gut geeignet, unser Immunsystem zu stärken. Die aromareichen Früchte lassen sich zu Marmeladen, Roter Grütze, Gelees, Obstkuchen und Likören verarbeiten. Unser Lieblingsrezept ist ein selbst gemachtes Eis aus Brombeeren und Joghurt: Pürieren Sie dazu 2 Handvoll Brombeeren mit 2 EL Honig (wen die kleinen Kerne stören, streicht die Masse anschließend noch durch ein Sieb). In einem separaten Gefäß 1 Ei mit 20 g Zucker schaumig schlagen. Brombeer- und Eicreme zusammenfügen und zum Schluss noch 200 g Naturjoghurt unterziehen. In Eisförmchen füllen und im Eisschrank gefrieren lassen oder direkt in die vorgekühlte Eismaschine geben.

Wissenswertes: Es gibt in Mitteleuropa sehr viele verschiedene Brombeerarten, aber alle, egal wie sie heißen, sind lecker und gesund!

Wacholder

Juniperus communis

J F M A M J J **A S O** N D

Was wird gesammelt? Reife (blauschwarz gefärbte) Wacholderbeeren.

Merkmale: Meist bis 6 m hoher Strauch mit stechend steifen Nadeln; Blütezeit April–Juni. Blüten grünlich, unscheinbar. Beeren 7–9 mm, reif blauschwarz. Fruchtreife August–Oktober.

Standort: Heiden, Magerwiesen und lichte Nadelwälder. Auch als Kultursorte.

Tipps zur Verwendung: Wacholderbeeren riechen harzig und schmecken fruchtig-bitter. Sie wirken verdauungsfördernd und gehören traditionell in Wildbraten und Sauerkrautgerichte. Auch Verdauungsschnäpse wie Gin und Genever werden aus destillierten Wacholderbeeren hergestellt. Geerntete Beeren können frisch (mit dem Messerrücken zerdrücken) oder getrocknet (zermörsern) verwendet werden. Wir bereiten daraus im Herbst wärmende Chutneys für den Winter. Dazu brauchen Sie 500 g gewaschene und zerkleinerte Früchte (Pflaumen, Schwarze Johannisbeeren, Quitten oder Äpfel …), die Sie im Kochtopf mit 200 g braunem Zucker, ½ TL Salz und 4 zerkleinerten Wacholderbeeren vermischen. Schälen und zerkleinern Sie 1 kleine Zwiebel, ein 1,5 cm großes Stückchen Ingwer und 1 Knoblauchzehe und geben Sie alles dazu. Mit 100 ml Apfelsaft und 30 ml Obstessig aufgießen. 3 Nelken, 1 Stange Zimt, Majoran und etwas Rosmarin zugeben. 30 Minuten auf kleiner Flamme köcheln und noch heiß in heiß ausgespülte Schraubdeckelgläser abfüllen. Schmeckt lecker auf Brot, zu Gemüse- und Fleischgerichten.

Wissenswertes: Wacholderzweige werden von alters her am Ende des Jahres zur Räucherung von Wohnräumen genutzt (Seite 179).

Kupfer-Felsenbirne

Amelanchier lamarckii

J F M A M **J J A** S O N D

Was wird gesammelt? Die blauschwarzen Früchte.
Merkmale: Bis 10 m hoher Strauch oder Baum, der im Frühjahr durch seine kupferfarben austreibenden Blätter auffällt. Zeitgleich erscheinen in der Zeit von Anfang April bis Mai die weißen (unangenehm riechenden) Blüten und geben dem Baum sein unverwechselbares Aussehen. Früchte erbsengroß, reif blauschwarz, in lockeren Trauben. Fruchtreife Juni–August.
Standort: Häufig als Ziergehölz in Städten, Parks und Gärten.
Tipps zur Verwendung: Bei der Felsenbirne verhält es sich ähnlich wie bei der Mahonie: Als Ziergehölz sind sie bekannt und beliebt, doch nur die wenigsten wissen, dass beide auch schmackhafte und gesunde Früchte tragen. Die Früchte der Felsenbirne erinnern im Aussehen an Blaubeeren; ihr Geschmack ist süß-sauer und aromatisch. Neben viel Vitamin C enthalten sie auch Mineral- und Gerbstoffe, Flavonoide und Anthocyane (Seite 180). Sie können sowohl roh genascht als auch zu Marmelade verkocht werden. Die Kerne schmecken leicht nach Bittermandel. Wen das stört, sollte die gekochten Früchte vor der Weiterverarbeitung durch ein Sieb streichen. Auch zur Verarbeitung zu Saft und Likören (Seite 173) sowie zum Trocknen gut geeignet.
Wissenswertes: Die Kupfer-Felsenbirne stammt aus Nordamerika und ist bei uns eingebürgert. Sie hat aber auch eine einheimische Schwester: die Gewöhnliche Felsenbirne. Diese kommt hauptsächlich an felsigen Hängen und lichten Gebüschen vor und trägt im Frühjahr kein kupferfarbenes Laub. Ihre Früchte können ebenso verwendet werden.

Mahonie

Mahonia aquifolium

J F M A M J J **A** **S** O N D

Was wird gesammelt? Die bläulichschwarzen Beeren, wenn sie sich leicht ablösen lassen.

Merkmale: 50–150 cm hoher, immergrüner, dornenloser Strauch; Blütezeit März–Mai. Blüten in dottergelben Trauben. Blätter dunkelgrün, ledrig, mit dornig-spitzen Blatträndern. Früchte bläulichschwarze, erbsengroße Beeren, die wie Mini-Weintrauben am Busch hängen. Fruchtreife August bis September.

Standort: Angepflanzt in Parks und Gärten, gelegentlich verwildert. Die Heimat der Mahonie ist Nordamerika; bei uns beliebt als Zierpflanze in verschiedenen Sorten.

Tipps zur Verwendung: Mahonien kennt eigentlich fast jeder aus dem Stadtpark – doch nur die wenigsten wissen, dass die Früchte dieses Zierstrauchs essbar sind. Bitte nicht roh essen, da ihre braunen Kerne ein Alkaloid enthalten, das Durchfall verursachen kann. Am besten zu einem fantastisch weinroten Sirup verarbeiten (s. Schwarze Johannisbeere, Seite 96) oder zu Gelee, wobei die Kerne abgesiebt werden. Dazu die gewaschenen Beeren in einem Kochtopf knapp mit Wasser bedecken, 5 Minuten auf kleiner Flamme köcheln und durch ein Sieb in einen zweiten Kochtopf streichen. Aus 1 kg Mahonien erhalten Sie so etwa 600 ml kernlosen Früchtebrei. Füllen Sie diesen auf 1 l mit Apfelsaft auf und geben Sie 500 g Gelierzucker 2:1 hinzu. Kurz aufwallen lassen und noch heiß in Schraubdeckelgläser füllen.

Wissenswertes: Die Wurzelrinde hilft nachweislich zur Therapie der Schuppenflechte. Dazu können Sie einfach etwas Rinde abschaben, in Olivenöl erwärmen und dem Rezept auf Seite 172 folgen. Nur äußerlich anwenden!

Schwarzer Holunder

Sambucus nigra

J F M A **M J** J **A S O** N D

Was wird gesammelt? Im Frühsommer die frisch aufgeblühten Blütendolden. Holunderfrüchte sind reif, wenn sie sich von rot nach wirklich tiefschwarz verfärbt haben.

Merkmale: 5–7 m hoher Strauch; Blütezeit Mai bis Juni. Blüten klein, cremeweiß, stark duftend, in 10–20 cm großen Blütendolden. Blätter meist 5-fach gefiedert, Teilblätter 5–10 cm lang, stinken. Früchte 5 mm groß, erst grün-rot, reif glänzend schwarz. Fruchtreife August–Oktober. Achtung! Verwechslungsgefahr mit giftigem Zwergholunder (Seite 124)!

Standort: Feuchte, schattige und sonnige Wald- und Wegränder, in Hecken, Knicks, auf Höfen und in Gärten.

Tipps zur Verwendung: Nicht nur seine Früchte sind essbar und sehr gesund, sondern auch seine reichhaltigen Blüten (Foto Seite 167). Beides wird auch arzneilich genutzt. Holunder-Blüten sind oftmals voller kleiner Käferchen. Daher die Blütendolden vor Gebrauch immer gründlich ausschütteln. Sie schmecken lecker verbacken in Pfannkuchenteig als »Holunderküchle« (Seite 166), eignen sich hervorragend zum Einlegen in Essig (Seite 172) sowie als vielfältig einzusetzender »Hollersirup« (Seite 167). Getrocknet liefern sie einen schweißtreibenden Erkältungstee. Die Früchte werden mit einer Küchengabel von den Stielen »gestribbelt«. Sie lassen sich leicht entsaften und zu einem köstlichen Winterpunsch (Seite 174) verarbeiten. Dazu passt vom Geschmack her immer Apfel.

Wissenswertes: Achtung! Früchte dürfen nicht roh gegessen werden. Erst beim Kochen wird das in rohen Früchten enthaltene, unverträgliche Sambucin zerstört.

Schwarze Johannisbeere

Ribes nigrum

J F M A M **J J** A S O N D

Was wird gesammelt? Reife Früchte.
Merkmale: 1–2 m hoher, unbedornter Strauch; Blütezeit April–Mai. Blüten grünlich, unscheinbar, in Trauben. Blätter meist 5-zählig gelappt, unangenehm riechend. Früchte kugelig, schwarz, bis 1 cm groß. Fruchtreife Juni–Juli.
Standort: Wächst wild im Halbschatten flussnaher Wälder und Gewässerufer. Häufig als Obst kultiviert in Gärten und nicht selten von hier aus verwildert.
Tipps zur Verwendung: Schwarze Johannisbeeren schmecken roh in Joghurt oder Müsli, lassen sich sehr gut zu Obstkuchen, Muffins oder Crumble (Seite 121) verbacken und geben selbst angesetzten Likören (Seite 173) eine wunderschöne Farbe. Im Backofen getrocknete Beeren bereichern im Winter selbst gesammelte Kräutertees. Mit einem Schuss Sirup in Mineralwasser oder Sekt lassen sich im Handumdrehen leckere Limonaden und besondere Begrüßungsgetränke zaubern. So lässt sich ganz einfach ein Sirup herstellen: Entstielte Beeren abbrausen, in einen Kochtopf geben und gerade eben mit Wasser bedecken. 5 Minuten köcheln und etwas abkühlen lassen. Nun wird der Brei in ein mit Küchenpapier (oder Mulltuch) ausgelegtes Sieb gegeben, sodass der Saft in einen Kochtopf tropft. Das kann, je nach Menge, einige Stunden in Anspruch nehmen. Pro Liter Saft gibt man nun 500 g Zucker und 20 g Zitronensäure in den Topf. Alles zusammen noch einmal kurz erwärmen, aber nicht kochen. Den Saft noch heiß in saubere Flaschen mit Schraubverschluss füllen. Hält 6 Monate und länger.
Wissenswertes: 100 g Schwarze Johannisbeeren enthalten rund 200 mg Vitamin C, das ist etwa 5-mal so viel wie bei der Roten Johannisbeere.

Gemeine Traubenkirsche

Prunus padus

J F M **A** **M** J **J** **A** S O N D

Was wird gesammelt? Frisch erblühte Blüten und reife Früchte (Verwechslungsgefahr s. u.!).
Merkmale: Bis 15 m hoher Strauch oder Baum; Blütezeit April–Mai. Blüten weiß, in bis zu 15 cm langen, hängenden Trauben, intensiv süß duftend. Zeitgleich mit den Blüten erscheinen die stets weichen, hellgrünen Laubblätter. Früchte erbsengroß, schwarz glänzend, in lockeren Trauben hängend. Fruchtreife Juli–August.
Standort: Als Baum wächst die Gemeine Traubenkirsche bevorzugt in flussbegleitenden Wäldern; in Strauchform findet man sie auch an trockenen Gebirgshängen. Häufig gepflanzt und verwildert.
Tipps zur Verwendung: Die nach Bittermandel duftenden Blüten lassen sich zum Aromatisieren von Sirup (Seite 70), Tee, Limonade, Essig (Seite 172), Bowle, Süßspeisen und Blütensalzen (Seite 168) nutzen. Doch bitte nur in kleinen Mengen, da sie Blausäure-Glykoside enthalten, die, in größeren Mengen aufgenommen, giftig wirken. Die herben Früchte können zu Gelees oder Sirup verarbeitet werden. Dabei müssen die Kerne abgesiebt werden, da ihr Gehalt an Blausäure-Glykosiden besonders hoch ist. Nicht roh essen.
Wissenswertes: Achtung! Die Früchte können leicht mit verschiedenen ähnlichen, ungenießbaren oder sogar giftigen Früchten verwechselt werden. Daher bitte nur dort von den Früchten Gebrauch machen, wo der Baum bereits im Frühjahr durch seine Blüten eindeutig identifiziert werden konnte. Sehr ähnlich ist auch die verwandte Spätblühende Traubenkirsche *(Prunus serotina)*, die ihre Blüten etwa 2 Wochen später öffnet. Sie kann ebenso verwendet werden.

Schlehe, Schwarzdorn

Prunus spinosa

J F **M** **A** M J J A **S** **O** N D

Was wird gesammelt? Im Frühjahr die Knospen und Blüten, im Spätherbst die blau bereiften Früchte. Diese sind nach den ersten Frösten oder nach 1–2 Nächten im Gefrierschrank genießbar.
Merkmale: Bis 4 m hoher, spitzdorniger Strauch, der im Unterschied zum ähnlich blühenden Weißdorn (Seite 112) zur Blütezeit noch keine grünen Blätter trägt; Blütezeit März–April. Blüten um 1 cm groß, weiß, 5-zählig. Frucht 1–1,5 cm groß, kugelig, blau bereift. Fruchtreife September–Oktober.
Standort: Sonnige Weg- und Wiesenränder, wo er mit Wurzelausläufern schnell dornige Gebüsche und dichte Hecken ausbilden kann.
Tipps zur Verwendung: Schlehen-Früchte schmecken unangenehm zusammmenziehend; das liegt an den Gerbstoffen. Erst durch Frosteinwirkung werden diese weitestgehend gebunden und die Früchte schmecken danach hauptsächlich sauer. Deshalb werden sie bevorzugt mit milderen Früchten wie Apfel gemischt oder auch gern mit reichlich Zucker zu Likören (Seite 173) verarbeitet. Für 1 l Schlehenlikör brauchen Sie 200–300 g Schlehen, ebenso viel Zucker, ½ Flasche Wodka oder Gin und ½ Flasche Sherry. Piksen Sie die Früchte vor dem Aufgießen mit einer Gabel an, damit der Saft besser entweichen kann. Um Marmelade aus den Früchten zu bereiten, köchelt man zunächst die Früchte für 3–5 Minuten mit etwas Wasser und passiert sie durch ein Sieb, um Schalen und Kerne herauszufiltern. Aus dem Früchtemus können Sie nun wie gewohnt Marmelade herstellen.
Wissenswertes: Ein Tee aus frisch gepflückten oder getrockneten Blüten bringt den Körper in Schwung und wirkt als blutreinigende Frühjahrskur!

Blaubeere, Heidelbeere

Vaccinium myrtillus

J F M A M J **J A S** O N D

Was wird gesammelt? Die blauen Beeren.
Merkmale: 20–50 cm hoher Zwergstrauch; Blütezeit Mai–Juni. Blüten grünlichweiße bis rosafarbene Glöckchen. Blätter eiförmig, zugespitzt, 1–2 cm lang. Frucht kugelig, 7–8 mm, schwarzblau, mit weinrot färbendem Fruchtfleisch. Fruchtreife Juli bis September.
Standort: Bildet in feuchten Laub- und Nadelwäldern, Heiden und Mooren oft dichte Teppiche.
Tipps zur Verwendung: Wann immer möglich, sollten Sie Blaubeeren selbst wild pflücken, denn sie schmecken ungleich besser als gekaufte Früchte! Bitte vor dem Verzehr gründlich waschen, da sie bodennah wachsen und dort durch tierische Ausscheidungen verunreinigt sein könnten. Blaubeeren gelten aufgrund der enthaltenen Gerbstoffe, Flavonoide (Seite 180) und Vitamine als sehr gesund. Die im Fruchtfleisch enthaltenen Farbstoffe (Anthocyane) wirken schützend und entzündungshemmend auf unsere Körperzellen und stärken die Immunabwehr. Lecker in Früchtesuppen, Crumble (Seite 121), Muffins, Quark, Müslis und Pfannkuchen. Getrocknete Beeren können als Wintertee zubereitet oder unter Müslis gemischt werden.
Wissenswertes: Die ähnliche Rauschbeere *(Vaccinium uliginosum)* hat im Unterschied helles, nicht färbendes Fruchtfleisch. Während junge Zweige der Blaubeere grün und scharf 3-kantig sind, tragen Rauschbeeren braune, runde Zweige. Rauschbeeren schmecken weniger gut und sollen, in größeren Mengen genossen, rauschartige Zustände hervorrufen (Name!). Achtung! Gelegentlich werden Blaubeeren mit der sehr giftigen, schlecht schmeckenden Einbeere (Seite 124) verwechselt.

Wald-Erdbeere

Fragaria vesca

J F **M A M J J** A S O N D

Was wird gesammelt? Junge Blätter und Früchte.
Merkmale: 5–20 cm hohe Staude; Blütezeit Mai bis Juni. Blüten weiß, 5-zählig, zu mehreren in lockeren Rispen. Blätter 3-geteilt, mit gesägtem Blattrand. Früchte rot, kugelig-kegelförmig. Fruchtreife Juni–Juli.
Standort: Lichte Bereiche in Wäldern und Gebüschen. In Gärten findet sich nicht selten die ähnlich kleine Monats-Erdbeere. Sie gedeiht eher an schattigen, feuchten Stellen. Hierbei handelt es sich um eine Züchtung aus der Wildform.
Tipps zur Verwendung: Erdbeer-Früchte und -Blätter enthalten Gerbstoffe, viele Mineralstoffe wie Eisen, Kalium und Zink sowie Vitamine und Flavonoide (Seite 180). Die kleinen, aromatischen Früchte der Wald-Erdbeere können Sie ebenso verwenden wie die Früchte gekaufter Erdbeeren. Sie benötigen nur weniger davon, da sie sehr geschmacksintensiv sind. Zum Verkochen sind sie uns immer zu schade; wir genießen sie am liebsten roh in Joghurt, Quark, als Belag auf Obstkuchen oder in Joghurt-Eis (Seiten 98, 101). Die kleinen Früchte eignen sich auch gut zum Trocknen für Winter-Müslis. Aus jungen Blättern lässt sich ein schmackhafter, blutreinigender Tee bereiten. Er wirkt blutdrucksenkend und wird zur Behandlung von Blutarmut, Rheuma, Gicht, Leber- und Gallebeschwerden empfohlen.
Wissenswertes: Wie alle bodennah wachsenden Früchte bitte vor dem Verzehr gründlich waschen, da sie mit tierischen Exkrementen oder auch mit Eiern des berüchtigten Fuchsbandwurms belastet sein könnten (siehe Seite 10). Dies gilt selbstverständlich in gleichem Maße für kultivierte Erdbeeren »vom Feld«, denn Füchse und andere Wildtiere sind bei Nacht keinesfalls nur im Wald unterwegs!

Echte Himbeere, Wald-Himbeere

Rubus idaeus

J F M A **M J J A** S O N D

Was wird gesammelt? Triebspitzen, junge Blätter und Früchte.

Merkmale: 1–2 m hoher, nicht sehr stacheliger Strauch mit überhängenden Zweigen; Blütezeit Mai–Juni. Blüten weiß, 5-zählig, in lockeren Trauben, meist nickend. Blätter 3- bis 7-teilig, unterseits dicht weißfilzig (vergleiche Kratzbeere, Seite 90, und Brombeere, Seite 91). Früchte rot, süß-aromatisch; Fruchtreife Juli–August.

Standort: Nährstoffreiche Weg- und Waldränder, Hecken und Knicks. Zahlreiche Kultursorten mit unterschiedlichen Fruchtzeiten in Gärten; von hier aus nicht selten verwildert. Bildet durch Wurzelausläufer schnell dichte Gebüsche.

Tipps zur Verwendung: Himbeer-Früchte sind außerordentlich gesund. 100 g enthalten 25 mg Vitamin C, außerdem viel Eisen, Magnesium, Kalium, Anthocyane und verschiedene Fruchtsäuren wie Zitronen- und Apfelsäure. Gut geeignet für Obstkuchen, Marmelade oder Likör. Tipp: frieren Sie die schnell matschenden Früchte nach dem Sammel-Spaziergang einfach ein und bereiten Sie bei nächster Gelegenheit daraus »Knuts schnelles Himbeereis«. Diese erfrischende, gesunde und im Nu zubereitete, zart schmelzende Eisvariante dachte sich unser Sohn nach einem heißen Schultag aus, als »natürlich mal wieder« kein Eis im Hause war: Geben Sie dazu 2 Handvoll gefrorene Himbeeren, 250 g Naturjoghurt, 3 EL Quark und 1 Päckchen Vanillezucker in den Mixer und mixen Sie es kurz durch. Sofort verzehren und eiskalt genießen!

Wissenswertes: Junge Triebspitzen und Blätter schmecken roh im Salat und ergeben frisch oder getrocknet einen ausgezeichneten Tee.

Preiselbeere

Vaccinium vitis-idaea

J F M A M J J **A S O** N D

Was wird gesammelt? Reife, dunkelrote Früchte.
Merkmale: 10–30 cm hoher Zwergstrauch; Blütezeit Mai–Juli. Blüten kleine, weißrosa Glöckchen. Zweige rundlich, grün. Blätter immergrün, ledrig, mit nach unten umgebogenem Blattrand und hellgrüner, punktierter Unterseite (s. »Wissenswertes«). Früchte erbsengroß, erst weiß, reif leuchtend rot. Fruchtreife ab August, oft sogar bis in den Winter hinein.
Standort: In Nadelwäldern, Mooren, Heiden und im Gebirge.
Tipps zur Verwendung: Preiselbeeren enthalten wertvolle Gerbstoffe (Seite 181), Anthocyane, viel Vitamin C und A. Roh schmecken sie allerdings etwas bitter und zusammenziehend. Erst verkocht zu Marmelade, entfalten sie ihr köstliches herb-süßliches Aroma. Preiselbeer-Marmelade wird gern zu Wildgerichten und gebackenem Käse gereicht. Sehr lecker schmecken sie aber auch in selbst gemachten, süß-sauren Chutneys (Seite 92), in Muffins, Likören und Schnäpsen (Seite 173). Preiselbeeren lassen sich aufgrund ihrer Größe gut trocknen. Sie schmecken als Rosinenersatz in Müslis, Naturjoghurt oder auch beigemischt in Tees. Auch aus den Blättern lässt sich ein Tee bereiten, der insbesondere gute Dienste gegen Harnwegsinfektionen, Rheuma und Gicht leistet.
Wissenswertes: Kann mit der ungenießbaren Bärentraube *(Arctostaphylos uva-ursi)* verwechselt werden. Diese hat jedoch keine punktierten Blattunterseiten und auch keinen umgebogenen Blattrand. Auch eine Verwechslung mit Moosbeeren *(Vaccinium* spec.*)* wäre denkbar. Diese tragen jedoch ihre Früchte einzeln auf 2–5 cm langen, fadenförmigen Stielen; sie sind ebenfalls essbar.

Rote Johannisbeere

Ribes rubrum

J F M A M **J J** A S O N D

Was wird gesammelt? Rote Johannisbeeren werden ab Johanni, dem 24. Juni, geerntet.

Merkmale: 1–2 m hoher, buschiger, unbedornter Strauch; Blütezeit April–Mai. Blüten unscheinbar grünlichgelb. Blätter 3- bis 5-lappig, mit gesägtem Rand. Beerenfrüchte reif fast transparent hellrot glänzend, erbsengroß, in lockeren Trauben hängend. Fruchtreife Juni–Juli.

Standort: Häufig in Gärten, von hier aus nicht selten verwildert. In flussnahen Wäldern kommt die wilde Wald-Johannisbeere *(Ribes sylvestris)* vor. Diese kann nicht sicher unterschieden, aber ebenso verwendet werden.

Tipps zur Verwendung: Rote Johannisbeeren stärken mit vielen wertvollen Mineralstoffen, Vitaminen, Flavonoiden (Seite 180) und ungesättigten Fettsäuren das Immunsystem und sollten ruhig das ganze Jahr über regelmäßig genossen werden. Die säuerlich schmeckenden Früchte sind roh ein Genuss, können aber auch gut eingefroren oder aufgrund ihrer Größe im Backofen getrocknet konserviert werden. Passen gut in Obstsalat oder -kuchen, Muffins, Crumble (Seite 121), Quarks, Müslis, Eis (Seite 98 und Seite 101), Marmelade, Rote Grütze, Sirup oder Likör. Johannisbeeren sollen zudem die Nerven beruhigen und die Laune verbessern!

Wissenswertes: Sowohl Früchte als auch die Blätter der Roten Johannisbeere wirken leberstärkend, blutreinigend und verdauungsfördernd. Achtung! Die Früchte könnten in freier Natur unter Umständen mit dem stark giftigen Bittersüßen Nachtschatten *(Solanum dulcamara*, Seite 127) verwechselt werden. Bei der Ernte unbedingt auch immer auf die Blattform achten!

Hunds-Rose

Rosa canina

J F M A M J J A **S** **O** N D

Was wird gesammelt? Die roten Hagebutten, auch sämtlicher anderer Wildrosen-Arten, können verwendet werden (s. auch rechte Seite).

Merkmale: 1–3 m hoher Strauch mit bogig überhängenden, stark bedornten Zweigen; Blütezeit Juni bis Juli. Blüten weißlichrosa, schwach duftend, 5–6 cm groß. Blätter 5-bis 7-fach gefiedert, Rand gesägt. Früchte sind die bekannten, eiförmigen Hagebutten, die reif scharlachrot und etwas weich (nicht matschig) sind. Fruchtreife September–Oktober.

Standort: Hecken, Gebüsche, Waldränder.

Tipps zur Verwendung: Eine schwäbische Spezialität aus den Früchten der Wildrose ist das berühmte »Hägenmark«. Da es kalt gerührt wird, bleiben in diesem Mus alle wertvollen Inhaltsstoffe (s. u.) der Hagebutte erhalten. Blüten- und Stielansatz mit dem Messer abschneiden und Hagebutten halbieren. Im Inneren finden sich harte Kerne mit borstigen, Juckreiz auslösenden Haaren. Deshalb am besten Einmalhandschuhe tragen und die Kerne mit einer Haarnadel oder einem kleinen Löffel herausschaben. Die entkernten Früchte in einer Schale mit Wasser bedecken und über Nacht stehen lassen. Mit einem stabilen Holzlöffel durch ein Sieb streichen und nach Geschmack mit Honig oder Zucker süßen. In heiß ausgespülte Schraubdeckelgläser abfüllen. Im Kühlschrank ist der leckere Brotaufstrich ca. 2 Wochen haltbar.

Wissenswertes: 100 g Hagebutten enthalten, je nach Sorte und Standort, 400 bis über 3000 mg Vitamin C (zum Vergleich: Zitrone und Orange 50 mg, Apfel 5 mg pro 100 g Frucht). Weitere Inhaltsstoffe: Vitamin A und B-Vitamine, Carotinoide, Fruchtsäuren, Flavonoide, Eisen und Zink.

Kartoffel-Rose

Rosa rugosa

J F M **A M J J A S O** N D

Was wird gesammelt? Blütenblätter, Blätter und Hagebutten.

Merkmale: 1–1,5 m hoher Strauch mit sehr dicht bedornten Ästen; Blütezeit Mai–Juni. Blüten weiß, rosa oder weinrot, duftend. Blätter 5- bis 9-zählig gefiedert. Hagebutten bis 3 cm groß, rundlich. Fruchtreife Juli–Oktober.

Standort: Bevorzugt sonnige Standorte, gedeiht auch auf sandigen Böden. Häufig angepflanzt entlang Autobahnen und zur Dünenbefestigung. Wegen ihrer duftenden Blüten und großen Hagebutten wird sie gern in Gärten und Parks gepflanzt.

Tipps zur Verwendung: Die im April erscheinenden, zartgrünen Blätter schmecken mild mit einer sehr angenehm fruchtigen Note. Wir naschen sie als schnellen Vitamin-Lieferanten, am liebsten direkt vom Strauch, oder mischen sie unter den Frühlingssalat. Die Blütenblätter der zahlreichen Zuchtsorten aromatisieren Salate, Kräuterbutter (Seite 169), Blütensalze (Seite 168), Zucker und angesetzten Essig (Seite 172). Blätter und Blüten liefern auch getrocknet einen wohlschmeckenden Tee. Aus den großen, saftigen Hagebutten lässt sich ebenso ein »Hägenmark« bereiten wie aus den Hagebutten der Hundsrose (s. links). Natürlich lassen sich die Früchte auch »ganz normal« zu Marmelade verarbeiten; nur gehen beim Erhitzen einige Vitamine verloren. Dazu werden die Hagebutten zunächst in etwas Wasser weich geköchelt (5–10 Minuten) und anschließend durch ein Sieb gedrückt, in dem dann Schalen und Kerne zurückbleiben.

Wissenswertes: Die Kartoffel-Rose stammt ursprünglich aus dem Fernen Osten. Sie ist besonders robust, anspruchslos und ausbreitungsfreudig.

Kornelkirsche

Cornus mas

J F M A **M J J A S** O N D

Was wird gesammelt? Blätter, Rinde, vollreife Kirschen. Die Kirschen sind reif dunkelrot, etwas weich und lassen sich leicht lösen. Am einfachsten gelingt die Ernte, wenn Sie ein altes Laken unter dem Baum ausbreiten und die Äste schütteln.
Merkmale: 3–6 m hoher Baum oder Strauch; Blütezeit Februar–April. Blüten klein, gelb, in Dolden. Erscheinen noch vor der Forsythie. Blätter eiförmig-zugespitzt, wellig. Typisch ist der bogige Verlauf der Blattadern zur Blattspitze hin (enden nicht am Blattrand). Die Blätter treiben erst nach der Blütezeit aus. Kirschen 1–2 cm, oval und glänzend. Fruchtreife August–Oktober.
Standort: Waldsäume, Hecken, Parks und Gärten.
Tipps zur Verwendung: Kornelkirschen schmecken roh etwas gewöhnungsbedürftig herb-säuerlich und zusammenziehend. Sie dürfen wirklich nur vollreif geerntet werden. Sehr gut passen sie zusammen mit Banane, Birne, Apfelsaft und einem Blatt Minze in einem Wildfrucht-Smoothie (Seite 164). Da sie das gesamte Verdauungssystem stärken und reinigen, sollten Kornelkirschen möglichst regelmäßig genossen werden. Um sich das Entkernen zu ersparen, kocht man daraus eine Marmelade wie unter »Kartoffel-Rose« (Seite 105) beschrieben. Lecker und bekömmlich ist auch ein Likör (Seite 173) aus 300 g angeritzten Kirschen, 150 g braunem Kandis und 350 ml Wodka.
Wissenswertes: Die Blätter ergeben einen zusammenziehenden und entzündungshemmenden Tee gegen Magengeschwüre und Durchfall. Gegen Rheuma kocht man Blätter und Zweige/Rinde 15 Minuten lang und gibt diesen Tee ins Badewasser. Auch als Umschlag zu verwenden.

Vogelkirsche

Prunus avium

J F M A M J **J** A S O N D

Was wird gesammelt? Wildkirschen sind reif tief dunkelrot und fühlen sich dann etwas weich an.
Merkmale: 15–25 m hoher Baum mit typischer, quer geringelter Rinde. Blütezeit April–Mai. Blüten weiß, duftend, lang gestielt, zu mehreren in Büscheln. Blätter länglich-eiförmig, spitz zulaufend, am Rand gesägt. Kirschfrüchte 1 cm groß (Kultursorten sind etwa doppelt so groß), süß, mit relativ großem Kern. Fruchtreife Juli.
Standort: Waldränder und Knicks.
Tipps zur Verwendung: Aus der französischen Region Limousin stammt unser liebstes Wildkirschen-Rezept für faule Wildfrüchte-Köche: »Clafoutis«. Denn hierzu müssen die kleinen Wildkirschen nicht mühsam entsteint werden, im Gegenteil: Erst durch das Mitbacken der Kerne erhält der Nachtisch seinen besonderen Geschmack! Clafoutis schmeckt wie eine Mischung aus Pudding und Kuchen und das Ausspucken der Kerne beim Genießen gehört einfach mit dazu. Wer die Kirschen dennoch lieber entsteint, der sollte dafür dann etwas mehr Mehl zum Rezept zufügen, da entsteinte Kirschen stärker saften. Zuerst buttern Sie eine Auflaufform und geben etwa 500 g gewaschene Wildkirschen hinein. Vermischen Sie nun in einer Rührschüssel 3 Eier mit 50 g Zucker und geben Sie 200 ml Milch, 50 g geschmolzene Butter und eine Prise Salz hinzu. In diesen flüssigen Teig sieben Sie 100 g Mehl. Der Teig wird über die Kirschen gegossen und im Ofen bei 180 °C ca. 35 Minuten gebacken. Mit Puderzucker bestreuen und am besten mit 1 Kugel Vanilleeis servieren. Schmeckt göttlich! Tipp: Die Kirschen-Stiele werden möglichst so mitgebacken, dass sie oben aus der Teigmasse herausschauen.

Bocksdorn, Goji

Lycium barbarum

J F M A M J J **A** **S** **O** N D

Was wird gesammelt? Die reifen, orangeroten Früchte.

Merkmale: Bis 4 m hoher, dorniger Strauch mit bogig überhängenden Zweigen; Blütezeit Juni–August. 0,5 cm große, violette Glockenblüten. Früchte wie langgezogene Hagebutten; Fruchtreife August bis Oktober. Achtung! Nicht mit den giftigen Früchten vom Bittersüßen Nachtschatten *(Solanum dulcamara*, unbedornte Zweige, Seite 127) verwechseln!

Standort: Hauptverbreitungsgebiet ist Südosteuropa bis hin nach China, wo der Goji-Beerenstrauch gebietsweise sehr häufig ist und auch kultiviert wird. Auch im Mittelmeerraum verbreitet. In Mitteleuropa wohl als Zierstrauch eingebürgert und verwildert, dabei häufiger im östlichen Mitteleuropa.

Tipps zur Verwendung: Goji-Beeren sind in den letzten Jahren als »Superfood« weltweit zu Berühmtheit gelangt. Grund dafür ist sein bemerkenswerter Cocktail aus zahlreichen essenziellen Aminosäuren, vielen Mineralien wie Eisen, Zink, Kalzium und Kupfer sowie viel Vitamin C und A. So verwenden Tibeter und Chinesen die Früchte seit Jahrtausenden als Nahrungsergänzung sowie zur Heilung. Sie sollen gut für Herz und Kreislauf sein und das Immunsystem stärken. Genossen werden sie hauptsächlich roh und frisch oder getrocknet. So passen sie als Rosinenersatz in Müslis oder Joghurt. Wer getrocknete Goji über Nacht in etwas Wasser einweicht, kann sie samt Wasser am nächsten Morgen seinem Smoothie (Seite 164) beifügen.

Wissenswertes: Früchte aus dem Handel sind häufig mit Pestiziden und Düngemitteln belastet! Daher bitte sorgfältig die Anbauweise prüfen oder besser selbst pflanzen und/oder sammeln.

Berberitze, Sauerdorn

Berberis vulgaris

J F M A M J J **A S O** N D

Was wird gesammelt? Die reifen Früchte.
Merkmale: Bis 3 m hoher Strauch mit sehr dornigen Zweigen; Blütezeit April–Juni. Blüten gelb, in etwa 2 cm langen, hängenden Trauben. Blätter eiförmig, mit fein stachelig bewimpertem Rand, immer zu mehreren büschelig aus den Achseln der Dornen entspringend. Früchte glasig rot, um 1 cm lang, walzenförmig, erinnern an längliche, schmale Hagebutten. Fruchtreife August–Oktober. Achtung! Nicht mit den giftigen Früchten vom Bittersüßen Nachtschatten (*Solanum dulcamara*, unbedornte Zweige, Seite 127) verwechseln!
Standort: Nährstoffarme, kalkhaltige und trockene Gebüsche, Hecken und Waldränder.
Tipps zur Verwendung: Berberitzen schmecken angenehm fruchtig-säuerlich, denn sie enthalten viele Fruchtsäuren und Vitamin C. Sie eignen sich frisch oder auch getrocknet zum Bereichern von Müslis, Joghurt, Smoothies und Teemischungen sowie zum Aromatisieren von Essig (Seite 172), Likör (Seite 173) oder Öl. Im Nahen Osten werden Berberitzen im großen Stil angebaut, da sie einfach fantastisch zu Reis oder Couscous passen: Braten Sie eine Zwiebel in etwas Öl an und geben Sie 2 Handvoll Berberitzen hinzu. Eine Minute braten, dann 2 TL Zucker und etwas Safran zugeben und gekochten Basmati-Reis oder Couscous unterziehen. Getrocknete Berberitzen vorher 15 Minuten in Wasser einweichen. Muss man einfach probiert haben!
Wissenswertes: Da Berberitzen als Zwischenwirt eines Getreideschädlings dienen, wurden die schönen Sträucher leider vielerorts in Europa vernichtet. Man erkennt befallene Sträucher an orangegelben Flecken auf der Blattunterseite.

Traubenholunder, Roter Holunder

Sambucus racemosa

J F M A M **J J A** S O N D

Was wird gesammelt? Die reifen Beeren, wenn sie korallenrot sind. Achtung! Nur gekocht genießbar! Die giftigen Kerne nicht mitessen!

Merkmale: Bis 4 m hoher Strauch mit birnenförmigen (nicht ausgebreiteten), bis 10 cm großen Blütenrispen (vgl. Schwarzer Holunder, Seite 95). Blütezeit April–Mai. Blätter gefiedert, mit gesägtem Rand. Früchte 5 mm groß, reif korallenrot. Fruchtreife Juni–August.

Standort: Im Gegensatz zu seinem »Großen Bruder«, dem Schwarzen Holunder, ist er kein Kulturfolger des Menschen, sondern wächst wild in Bergwäldern, an Waldrändern und auf Lichtungen.

Tipps zur Verwendung: Die Früchte des Roten Holunders gelten gemeinhin als nicht essbar. Roh verzehrt, rufen sie Brechreiz hervor; gekocht sind die Früchte jedoch, wie unsere österreichischen Freunde uns glaubhaft demonstrierten, durchaus schmackhaft und verträglich. Jedoch mit einer kleinen Einschränkung: Die giftigen Kerne dürfen nicht mitgegessen werden. Daher bietet es sich an, die Früchte möglichst schonend zu entsaften (gut geht das im Dampfentsafter, Seite 11), ohne dabei die Beeren zu zerdrücken und somit die Kerne zu beschädigen. Anschließend wird aus dem Saft durch Einkochen mit Zucker Gelee oder Sirup hergestellt. Auf der Oberfläche schwimmende gelbliche Fettaugen vom Saft abschöpfen, da sie abführend wirkende Öle aus den Kernen enthalten. Der Geschmack der Früchte ist relativ herb und etwas bitter, dafür sind sie aber oft schon ab Ende Juni reif.

Wissenswertes: Die rohen Früchte des Roten Holunders wurden früher gezielt als Brech- und Abführmittel eingesetzt.

Vogelbeere, Eberesche

Sorbus aucuparia

J F M A **M J J A S O** N D

Was wird gesammelt? Blüten, Blätter und Früchte.
Merkmale: Bis 15 m hoher Baum; Blütezeit Mai bis Juni. Blüten cremeweiß, klein, zahlreich in flachen Schirmen. Blätter in 9–19 schmale Fiedern unterteilt, ähneln Eschenblättern (Name!). Früchte erbsengroß, korallenrot, in hängenden Dolden. Fruchtreife August–Oktober.
Standort: Hecken, Knicks und Waldränder.
Tipps zur Verwendung: Viele Menschen halten Vogelbeeren für giftig und auch wir haben es als Kinder so gelernt. Stimmen tut es trotzdem nicht. Man sollte sie nur nicht roh verzehren, was im Übrigen für die beliebten Holunderbeeren (Seite 95) ganz genauso gilt. Die Gefahr, sich an rohen Vogelbeeren zu überfuttern, ist auch nicht gerade groß, da die Früchte roh herb und bitter schmecken. Durch das Einkochen zu Marmelade werden die unbekömmlichen Inhaltsstoffe wie bei den Holunderbeeren zerstört. Vogelbeeren sollten erst nach dem ersten Frost geerntet werden, doch dann kann es passieren, dass die Vögel schneller waren. Wir ernten sie im September und legen sie für einige Tage in den Gefrierschrank; das funktioniert genauso gut. Ihr herber Geschmack passt hervorragend zusammen mit Äpfeln oder Pflaumen in Chutneys (Seite 92). Vogelbeer-Marmelade lässt sich ähnlich wie Preiselbeer-Kompott gut mit Wildbraten kombinieren. Getrocknete Früchte, Blätter und Blüten liefern einen Tee gegen Atemwegserkrankungen und Magen-Darm-Beschwerden.
Wissenswertes: Wird gern als Stadt- oder Alleebaum gepflanzt, wo die Früchte mit den faden, aber ungiftigen Mehlbeeren verwechselt werden könnten. Gut zu wissen: Mehlbeeren tragen keine gefiederten Blätter!

Eingriffeliger Weißdorn

Crataegus monogyna

J F **M A M J J A S** O N D

Was wird gesammelt? Blätter, Blüten und Früchte.
Merkmale: Bis 8 m hoher, dorniger Strauch oder Baum; Blütezeit Mai–Juni. Blüten weiß, um 1 cm groß, in büscheligen Dolden. Blätter gelappt. Früchte rot, erbsengroß, mit relativ großem Kern und wenig Fruchtfleisch. Fruchtreife August bis September. Mehrere sehr ähnliche Arten.
Standort: Sonnige Gebüsche, Hecken und Waldränder.
Tipps zur Verwendung: Schon ab Anfang März, wenn die heimische Natur außer ersten Giersch- und Löwenzahnblättchen noch nicht allzu viel leckeres Grün zu bieten hat, entfalten die Weißdorn-Sträucher ihre unglaublich zarten, schmackhaften Blättchen. Wer etwas geduldiger ist, sammelt ein Eimerchen des zarten Grüns und mischt es zu Hause unter den Frühlingssalat oder in einen Smoothie (Seite 164). Erst wenn seine Blätter voll entfaltet sind, öffnen sich die weißen, stark duftenden Blüten. Sie dienen als essbare Dekoration in Salaten, Kräuterbutter (Seite 169) oder zum Aromatisieren von Bowle und Likören (Seite 173). Schonend getrocknet, kann daraus im Sommer mit den nun derberen Blättern ein guter Weißdorn-Tee gemischt werden. Die mehlig schmeckenden Früchte enthalten einen recht großen Kern und sollten daher zur Herstellung von Marmelade durch ein Sieb passiert werden. Sie eignen sich ebenfalls zum Trocknen für Tees.
Wissenswertes: Weißdorn enthält in Blättern, Blüten und Früchten medizinisch wirksame, durchblutungsfördernde Inhaltsstoffe, die den gesamten Organismus stärken. Bewährt bei Bluthochdruck, Herzrhythmusstörungen, Angst und Depressionen.

Sanddorn

Hippophae rhamnoides

J F M A M J J A **S** O N D

Was wird gesammelt? Die reifen Beeren. Vorsicht beim Pflücken: Sanddorn-Äste können empfindlich stechen!

Merkmale: Meist bis zu 6 m hoher, mit langen Dornen bewehrter Strauch; Blütezeit März–April. Blüten klein, unscheinbar, wobei es rein männliche und rein weibliche Sträucher gibt. Blätter schmallanzettlich, graugrün, silbriggrau behaart. Früchte etwa erbsengroß, leuchtend orange. Fruchtreife September.

Standort: Gedeiht auf Sand, Kies und zwischen Felsen, liebt es sehr sonnig und ist mit seinen schmalen, widerstandsfähigen Blättern windunempfindlich. Häufig auf Sanddünen, in Flussbetten, lichten Kieferwäldern und an felsigen Hängen.

Tipps zur Verwendung: Sanddorn-Beeren enthalten sehr viele Vitamine, insbesondere ist der Gehalt an Vitamin C sehr hoch. Daher sind sie gut geeignet, die körpereigenen Abwehrkräfte in Schwung zu bringen. Geben Sie 500 g Sanddorn-Beeren, 150 ml Apfelsaft, 100 ml Wasser und 150 g Zucker in einen Kochtopf und lassen Sie alles kurz köcheln, bis sich der Zucker gelöst hat. Geben Sie den Brei durch ein feines Sieb, um die Kerne daraus zu entfernen. Lassen Sie den Saft abkühlen und frieren Sie ihn in Eiswürfelbehältnissen oder kleinen Gefrierdosen ein. So können Sie den Winter über Früchtepunsch, Süßspeisen, Bratensaucen, Smoothies, Kuchen und Quarkspeisen mit dem besonderen Geschmack von Sanddorn verfeinern.

Wissenswertes: Purer Sanddorn-Saft schmeckt sehr sauer und leicht bitter. Insbesondere Kinder mögen ihn daher oft nicht so gern. Daher lieber mit milderen Früchten mischen.

Speierling

Sorbus domestica

J F M A M J J A **S** **O** N D

Was wird gesammelt? Speierlinge sind erst überreif genießbar, d.h., wenn ihre Schale bronzefarben und das Innere mehlig ist. Man erntet daher am besten abgefallene Früchte oder solche, die kurz davor sind. Alternativ können weniger reife Früchte kurzzeitig eingefroren werden.

Merkmale: Meist 10–20 m hoher Baum; Blütezeit Mai. Blüten weiß, duftend, in vielblütigen Rispen. Blätter gefiedert, ähnlich wie bei der Vogelbeere. Früchte 2–3 cm groß, auf der Sonnenseite rotbackig, erinnern an Miniatur-Äpfel oder -Birnen. Fruchtreife September-Oktober.

Standort: Speierlinge zählen heute zu unseren seltensten Obstbäumen. Am ehesten findet man die Licht, Wärme und Kalk benötigenden Bäume einzeln stehend in der Nähe ehemaliger Weinbaugebiete und Burgen.

Tipps zur Verwendung: Solange die Früchte vom Speierling im Aussehen an kleine, rotbackige Äpfel oder Birnen erinnern, sind sie noch ungenießbar. Sie enthalten viel Gerbsäure und schmecken stark zusammenziehend. Erst überreife, bronzefarbene Früchte können zu Marmeladen (Kerne absieben), Chutneys (Seite 92) und Gelees verarbeitet werden. Aus dem Saft von 1 kg Früchten, 500 g Zucker und 1 Flasche Wodka lässt sich ein sehr bekömmlicher und schmackhafter Likör (Seite 173) bereiten!

Wissenswertes: »Speierling« wird im Frankfurter Raum ein besonderer Apfelwein genannt, dem 1–3 % unreife Speierling-Früchte beigemischt wurden. Durch ihren hohen Gehalt an Gerbstoffen klären Speierlinge den Wein auf natürliche Weise und machen ihn länger haltbar. Daher kann hier auf eine Schwefelung verzichtet werden.

Mispel

Mespilus germanica

J F M A M J J A S **O** **N** D

Was wird gesammelt? Die kupferbraunen Früchte werden nach den ersten Frösten ab Mitte Oktober geerntet (oder über Nacht eingefroren).

Merkmale: Bis 5 m hoher, strauchartiger Baum; Blütezeit Mai–Juni. Blüten dekorativ, einzeln, 3–5 cm groß, weiß. Blätter bis 15 cm lang, lanzettlich, runzelig, Unterseite flaumig behaart. Die Wildform trägt an den Zweigen Dornen. Früchte 3–5 cm groß, erinnern an übergroße, braune Hagebutten, was die Zugehörigkeit der Mispel zu den Rosengewächsen verrät. Fruchtreife Oktober–November.

Standort: Die Wildform stammt aus Vorderasien. In Mitteleuropa wurde der im Mittelalter sehr beliebte Obstbaum erst von den Römern eingeführt. Man findet ihn nicht allzu häufig in Obstgärten, mancherorts nachträglich verwildert in Hecken und an Waldsäumen.

Tipps zur Verwendung: Früchte frisch vom Baum sind hart und schmecken unangenehm zusammenziehend, denn sie enthalten viel Gerbsäure. Genießbar sind sie erst überreif. Nach der Ernte müssen die Früchte dann noch mindestens 2 Wochen lang kühl und trocken gelagert werden. Dadurch wird das Fruchtfleisch weich und die Gerbsäure wandelt sich in Fruchtzucker um. Die ledrige Schale und die Kerne werden nicht mitgegessen. Mispel-Marmelade ist gut geeignet zum Füllen von Weihnachtsplätzchen! Man kocht sie, indem man die Früchte viertelt, entkernt und die Schalen abzieht. Fruchtfleisch mit Apfelsaft begießen und zu Marmelade verkochen. Besonders gut mit etwas Zimt.

Wissenswertes: Mispeln regen die Nierentätigkeit an und werden zur Behandlung von Darmkrankheiten eingesetzt.

Esskastanie

Castanea sativa

J F M A M J J A **S** **O** N D

Was wird gesammelt? Die reifen, rotbraunen Früchte (Maronen).
Merkmale: Bis 30 m hoher Baum; Blütezeit Juni bis Juli. Im Gegensatz zur Rosskastanie mit eher unscheinbaren, gelben Blüten. Blätter derb, bis 30 cm lang, mit auffallend gezähnten Blatträndern. Die essbaren, bis 3 cm großen Kastanien-Früchte sind von einer stachelspitzigen, grünen Hülle umgeben, die bei der Reife aufplatzt und dabei stets 1–3 Früchte preisgibt. Fruchtreife September–Oktober.
Standort: Wächst wild in südeuropäischen und in wintermilden mitteleuropäischen Wäldern. Der stattliche Baum wird auch gern weiter nördlich in Parks angepflanzt. Zur Fruchtreife kommt es in der Regel aber nur südlich der Weinbaugebiete.
Tipps zur Verwendung: Geröstete Maronen à la Weihnachtsmarkt: Maronen komplett mit brauner, harter Schale für 15 Minuten in heißes Salzwasser legen. Herausnehmen, kurz abkühlen lassen und mit einem scharfen Messer auf der gewölbten Seite kreuzweise einritzen. Dabei nicht ins darunter liegende Fruchtfleisch schneiden. Mit der flachen Seite nach unten auf einem Backblech verteilen und mit ½ Tasse Wasser besprenkeln. Bei 180 °C ca. 30 Minuten lang im Ofen backen, bis die Schale aufplatzt. Kurz abkühlen lassen und die harte braune Schale und, ganz wichtig, auch die darunter liegende dünne braune Haut abziehen, da diese trocken ist und bitter schmeckt. Noch warm genießen!
Wissenswertes: Maronen enthalten viel bekömmliche Stärke und wenig Fett, das macht sie zu guten Energielieferanten. Mit wertvollen Mineralstoffen und Vitaminen unterstützen sie zusätzlich unser Nerven- und Immunsystem.

Walnuss

Juglans regia

J F M A M **J** J A **S** **O** N D

Was wird gesammelt? Walnüsse sind reif, wenn ihre grüne Fruchtschale schwarz und rissig wird. Dann fallen sie vom Baum und können aufgelesen werden. Dabei empfiehlt es sich, Gummihandschuhe und alte Kleidung zu tragen, da die Fruchtschalen nachhaltig braun färben.

Merkmale: Bis 25 m hoher Baum; Blütezeit April bis Mai. Weibliche Blüten klein, unscheinbar; männliche Blüten in grüngelblichen Hängekätzchen. Blätter bis 40 cm lang, gefiedert, duften beim Zerreiben aromatisch. Früchte oval, bis 5 cm groß. Die grüne Schale verfärbt sich bei der Reife schwarz, darunter kommt die braune Walnuss zum Vorschein. Fruchtreife September–Oktober.

Standort: Die Heimat des Walnussbaums erstreckt sich vom Balkan bis nach Asien. Die Römer brachten ihn nach Mitteleuropa.

Tipps zur Verwendung: Frisch geerntete Walnüsse werden vor der Verwendung 4–6 Wochen lang getrocknet. Dazu die von der Fruchtschale befreiten Nüsse (notfalls noch etwas abbürsten, doch keinesfalls mit Wasser waschen) einlagig auf Zeitungspapier, in alten Obststeigen oder auf Handtüchern ausbreiten und hin und wieder rollen, damit sich kein Schimmel bildet. Die Temperatur sollte dabei nicht über 25 °C liegen, da die Nüsse sonst ranzig werden. Fertig getrocknete Nüsse am besten in ausgedienten Zwiebel- oder Kartoffelnetzen luftig aufhängen; so halten sie bis zur nächsten Erntesaison. Geknackte Walnüsse schmecken lecker pur, »nur so«, passen aber auch gut in Kuchen oder über Salate gestreut.

Wissenswertes: Aus Walnüssen lässt sich ein leckeres Pesto bereiten (Seite 175)!

Haselnuss

Corylus avellana

J F M A M J J **A** **S** O N D

Was wird gesammelt? Haselnüsse sind reif, wenn sie gleichmäßig braun sind und sich leicht aus ihren dürren, trockenen Fruchtbechern lösen lassen. Ein »Schütteltest« an den Zweigen zeigt, ob sie schon so weit sind, dass sie freiwillig abfallen.

Merkmale: Bis 6 m hoher Strauch; Blütezeit Februar–April. Weibliche Blüten unscheinbar; männliche Blüten in gelben Hängekätzchen. Blätter rundlich, mit gesägtem Rand, vorn zugespitzt. Die Haselnüsse reifen in einem zerschlitzten Fruchtbecher heran; sie sind zunächst grün, reif braun. Fruchtreife August–September.

Standort: Häufig an Waldrändern, in Hecken und Gebüschen.

Tipps zur Verwendung: Haselnüsse enthalten viele wertvolle ungesättigte Fettsäuren, Vitamine und Mineralstoffe. Sie wurden daher vom Menschen bereits in der Steinzeit als gut lagerfähiger Energielieferant genutzt. Die reifen Nüsse können frisch vom Strauch geknackt und verspeist werden (zwischen zwei Steinen aufknacken, um an den Haselnusskern zu gelangen). Sie eignen sich aber auch hervorragend zum Trocknen und längeren Lagern (siehe Walnuss, Seite 117). Ist die harte Schale einmal entfernt, sollten Nüsse nicht länger als 4 Wochen aufbewahrt werden, oder man friert sie ein. Haselnüsse passen gut in Müslis, Kuchen und überstreut auf Salate. Eines unserer Lieblingsrezepte ist eine feine Haselnuss-Schokocreme (Seite 175), die nicht nur die Kinder zu schätzen wissen.

Wissenswertes: Haselnüsse aus dem Supermarkt sind deutlich größer; es handelt sich hierbei um die Früchte der in Südosteuropa kultivierten Lamberts-Hasel *(Corylus maxima)*.

Rotbuche

Fagus sylvatica

J F M **A M** J J A **S O** N D

Was wird gesammelt? Die jungen, zartgrünen Blätter im Frühjahr und die Bucheckern im Herbst.
Merkmale: Bis 30 m hoher Baum, Blütezeit April bis Mai. Weibliche Blüten unscheinbar an den Zweigspitzen; männliche Blüten gehäuft zu mehreren an einem langen, hängenden Stiel. Blätter oval, vorn zugespitzt. Früchte (Bucheckern) scharf 3-kantig, glänzend braun, werden von einem harten, stacheligen, 4-klappig aufspringenden Fruchtbecher freigegeben. Fruchtreife September–Oktober.
Standort: In Mitteleuropa weit verbreiteter; Waldbildender Baum.
Tipps zur Verwendung: Im Frühjahr sollten Sie sich den Genuss frischgrüner Buchenblätter nicht entgehen lassen. Ihr Geschmack ist durstlöschend fein-säuerlich und die Konsistenz der Blätter zu diesem Zeitpunkt noch fein und zart. Sehr gut schmecken sie auch auf Butterbrot gelegt, in Salaten, Smoothies (Seite 164) und Kräuterquarks. Ab etwa Mitte Mai werden die Blätter dann zunehmend bitter und – als natürlicher Sonnenschutz des Baumes – hart. Im Herbst können wir an derselben Stelle am Waldboden die aufgeplatzten Fruchthüllen mit den Bucheckern finden. Roh sollte man sie lieber nicht essen, da sie Oxalsäure enthalten, die in größeren Mengen zu Magen-Darm-Beschwerden führt. Brät man Bucheckern jedoch mitsamt ihrer glänzend braunen Schale scharf an oder kocht sie kurz ab, so werden die Giftstoffe zerstört. Die Schale lässt sich mit einem Küchenmesser nun leicht entfernen und das helle Innere kann ähnlich verwendet werden wie Pinienkerne.
Wissenswertes: Neben vielen wertvollen Ölen enthalten sie Eiweiß, Kalzium, Eisen und Vitamine.

Weiße Maulbeere

Morus alba

J F M A M J J **A** **S** O N D

Was wird gesammelt? Die reifen Früchte und junge Blätter. Die Früchte sind nur wenige Tage haltbar; sie lassen sich aber gut trocknen oder einfrieren.

Merkmale: Kleiner, selten bis 15 m hoher Baum; Blütezeit Mai–Juni. Blüten unscheinbare grünliche Kätzchen. Blätter unterschiedlich geformt, ganzrandig oder eingebuchtet. Früchte 1–2 cm groß, erinnern an längliche Brombeeren. Anfangs weiß, später häufig rosa, manchmal auch bis purpurfarben. Fruchtreife August–September.

Standort: In Mitteleuropa gepflanzt in Weinbaugebieten, Parks und Gärten. Bevorzugt trockene, warme und sonnige Standorte, ist dabei aber dennoch winterhart bis –20 °C.

Tipps zur Verwendung: Die Früchte haben wenig Eigengeschmack; hauptsächlich sind sie süß – und gesund. Denn sie enthalten überaus viele Mineralstoffe wie Eisen, Zink, Kalium und Kalzium. Sie passen gut in Joghurt, Müslis, auch verbacken in Kuchen oder, am besten vermischt mit intensiver schmeckenden Früchten, verkocht zu Marmelade. Ein Tee aus getrockneten Früchten und Blättern schmeckt angenehm süßlich-mild und steigert die körpereigenen Abwehrkräfte. Wegen seiner scheimlösenden und antibakteriellen Wirkstoffe auch gut gegen festsitzenden Husten. Neben dem Weißen Maulbeerbaum sind bei uns auch die Rote Maulbeere *(Morus rubra)* und die Schwarze Maulbeere *(Morus nigra)* zu finden. Ihre roten bzw. schwarzen Früchte sind ebenso essbar.

Wissenswertes: Der Maulbeerbaum ist eine uralte Kulturpflanze aus China, die erst später nach Mitteleuropa eingeführt wurde. Man nutzt die Blätter zur Zucht von Seidenraupen.

Stachelbeere

Ribes uva-crispa (= R. grossularia)

J F M A M J **J** **A** S O N D

Was wird gesammelt? Die Früchte sind erst dann wirklich reif, wenn die äußere Haut sich zwar noch fest anfühlt, das Innere aber bereits weich ist.
Merkmale: Bis 1,50 m hoher, stacheliger Wildstrauch; Blütezeit April–Mai. Blüten unscheinbar, grünlich. Blätter gelappt, unterseits weich behaart, entspringen in den Achseln der Stacheln. Früchte eiförmig, 1–2 cm groß, durchscheinend grün gestreift, borstig behaart. Fruchtreife Juli–August. Neben der Wildform gibt es zahlreiche ähnliche, z. T. verwilderte Kultursorten. Ihre Früchte können weißlich, gelb oder rot gefärbt sein und sind nur spärlich bis gar nicht beborstet.
Standort: Sonnige bis halbschattige Waldsäume, Gebüsche, Hecken und Gärten.
Tipps zur Verwendung: »Crumble« heißt so viel wie Krümel und genau genommen wird das Obst hier einfach mit Streuseln bedeckt und anschließend im Ofen gebacken. So geht es: Heizen Sie den Backofen auf 180 °C vor. Während er heizt, waschen und entstielen Sie 1 kg Stachelbeeren, geben sie in eine gebutterte Auflaufform und bereiten anschließend den Streuselteig: Dazu 25 g Butter in ganz kleine Stückchen schneiden und in einer Schüssel mit 125 g Zucker, 250 g Mehl und ½ TL Backpulver vermengen. Diese Masse ordentlich durchkneten und anschließend über die Stachelbeeren krümeln. Im Ofen backen, bis die Streusel Farbe bekommen (etwa 45 Minuten). Crumble wird noch warm serviert. Dazu passt Schlagsahne oder Vanilleeis.
Wissenswertes: Crumble lässt sich auch mit vielen anderen Obstsorten zubereiten. Passen Sie die Zuckermenge dabei nach Geschmack dem Säuregrad der verwendeten Früchte an.

Wildapfel

Malus sylvestris

J F M A M J J A **S** O N D

Was wird gesammelt? Die grünen Äpfel.
Merkmale: Bis 10 m hoher, strauchartiger Baum mit z. T. bedornten Zweigen; Blütezeit April–Mai. Blüten rosaweiß. Blätter rundlich-eiförmig, mit schiefer Spitze, am Rand gekerbt, unterseits kahl. Äpfel 2–3,5 cm groß, grün und hart. Geschmack zusammenziehend, sauer und recht bitter. Fruchtreife September.
Standort: Waldränder, Hecken, Auwälder.
Tipps zur Verwendung: Wildäpfel sind nicht nur klein und grün, sie schmecken auch herber als Kulturäpfel und ihre Konsistenz ist eher hart und holzig. Zum rohen Verzehr sind sie deshalb nicht zu empfehlen. Doch gibt es viele schmackhafte Varianten, die es erlauben, das vitamin- und mineralienreiche »Steinzeitobst« zu nutzen. Mit einer Prise Zimt verkocht zu Apfelmus, entfaltet sich ihr feines Aroma, und wer es süßer mag, kocht statt Zucker eine Banane oder anderes süßes Obst mit. Da Wildäpfel viel Pektin enthalten und gut gelieren, eignen sie sich besonders zur Herstellung von Marmeladen und Gelees. Aus den kleinen Äpfeln lassen sich auch feine aufgesetzte Schnäpse bereiten (Seite 173). Diese sollten aber mindestens 8 Monate Zeit zum Reifen bekommen. Die Apfelschalen liefern im Backofen bei max. 40 °C ca. 60 Minuten lang getrocknet einen guten Tee für den Winter. Das Fruchtfleisch wird in Ringe geschnitten und mit getrocknet; es bereichert Müslis oder dient als gesunde Nascherei.
Wissenswertes: Echte Wildäpfel sind maximal 3,5 cm groß, grün oder gelblich, aber nirgends rot. Die Blätter echter Wildäpfel sind unterseits kahl und nicht behaart.

Wildbirne

Pyrus pyraster

J F M A M J J A **S O** N D

Was wird gesammelt? Die gelblichgrünen Birnen.
Merkmale: 20 m hoher Baum, Blütezeit April–Mai. Blüten weiß. Blätter unterseits kahl, am Rand gesägt. Früchte nicht birnenförmig (!), sondern eher rundlich, 2–3,5 cm groß, grüngelb bis braungelb. Fruchtreife September–Oktober.
Standort: Wärmebegünstigte Standorte an Hängen, in Hecken und an Waldrändern.
Tipps zur Verwendung: Wildbirnen-Füchte schmecken roh herbsauer und holzig. Erst länger gelagert und überreif werden sie teigig und entfalten ihr süßes Aroma. Daraus lässt sich ein feines Birnen-Mus oder auch ein Birnen-Sirup kochen. Beides ist sehr bekömmlich und regelt die Verdauung auf natürliche Weise. Auf eine schöne, alte Tradition blickt das Trocknen der kleinen Wildbirnen zurück: Aus den braunen, süßen »Kletzen« wurde in der Vorweihnachtzeit ein köstliches »Kletzenbrot« gebacken, das seine Süße allein aus den Birnen erhielt. Dazu werden 1 kg Dörrbirnen über Nacht eingeweicht (wer mag, ersetzt einen Teil durch andere Trockenfrüchte wie Pflaumen, Äpfel oder Feigen) und am nächsten Tag 20 Minuten auf kleiner Flamme im Einweichwasser geköchelt. Das Einweichwasser nicht wegtun! Es dient zur Erstellung eines Brotteiges aus 250 g Mehl (wir stellen diesen am liebsten aus Hefe her, Backpulver funktioniert aber auch). Ist der Teig einmal aufgegangen, gibt man die zerkleinerten Früchte hinein, außerdem noch 150 g ganze Walnüsse oder Haselnüsse, gemahlenen Zimt und gemahlene Nelken. Kleine Laiber formen, diese mit Einweichwasser bestreichen, nochmals alles zusammen ½ Stunde gehen lassen und dann bei 180 °C ca. 45 Minuten lang backen.

Einbeere

Paris quadrifolia. Bis 30 cm hohe Staude in feuchten Wäldern; Blütezeit Mai–Juni. Blüte dunkelviolett und grün. Charakteristisch ist der Quirl aus 4 großen eiförmigen Laubblättern am Stängel, in dessen Mitte sich erst die einzige Blüte und später die einzige Frucht befindet. Blauschwarze, um 1 cm große Beere. Fruchtreife Juli–September. **Insbesondere bei Kindern kann es zu Verwechslungen mit Heidelbeeren kommen! Meist wird aufgrund des schlechten Geschmacks aber nur eine Beere aufgenommen. Vergiftungen zeigen sich durch Übelkeit, Erbrechen, Magenkrämpfe und Durchfälle.**

Tollkirsche

Atropa belladonna. Bis 1,50 m hohe, verzweigte Staude in Wäldern und Gebüschen; Blütezeit Juni bis August. Blüten braunviolett, glockig, hängen einzeln unter den Blättern. Blätter länglich-eiförmig und zugespitzt. Früchte kirschengroß, einzeln, schwarz glänzend. Fruchtreife Juli–September. **Alle Pflanzenteile der Tollkirsche sind extrem giftig. Besonders gefährlich sind die für Kinder verlockenden, niedrig wachsenden und an Kirschen erinnernden Beeren, die zudem auch noch süßlich schmecken! Schon der Verzehr weniger Früchte führt zu Halluzinationen, Pupillenerweiterung und Herzrasen. Todesfälle bekannt.**

Zwerg-Holunder

Sambucus ebulus. Bis 1,50 m hoher Strauch der Mittelgebirge und Alpen; Blütezeit Juni–August. Blüten klein, weiß, in schirmartiger Dolde. Blätter meist 5-fach gefiedert, Teilblätter lanzettlich, 5–15 cm lang, mit gekerbtem Rand, stinken. Früchte schwarze Beeren, 5 mm groß, in Dolden von 5–10 cm Durchmesser. Fruchtreife August bis September. **Verwechslungsgefahr mit dem Schwarzen Holunder (Blätter nur 5–10 cm lang und 1–4 cm breit; Dolden dafür mit 10–20 cm Durchmesser deutlich größer). Alle Pflanzenteile enthalten hochgiftige Bitterstoffe, die heftige Brechdurchfälle auslösen. Auch Todesfälle sind bekannt.**

Kirschlorbeer

Prunus laurocerasus. Meist 2–3 m hoher, immergrüner Strauch (häufig auch als Hecke) in Gärten und Parks; Blütezeit April–Mai. Weiße, duftende Blütentrauben. Blätter ledrig, dunkelgrün glänzend, um 15 cm lang. Früchte erbsengroße Beeren, erst rot, dann schwarz glänzend. Fruchtreife August bis September. **Blätter und die in den schwarzen Früchten enthaltenen Samen sind giftig. Dieses Gift wird aber erst durch Zerkauen freigesetzt. Dann kann es über Übelkeit und Erbrechen bis hin zu Atemlähmungen führen. Auch für Pferde, Kühe, Kaninchen und Meerschweinchen ist der Kirschlorbeer giftig!**

Schneeball

Viburnum opulus. Bis 4 m hoher Strauch in flussnahen Wäldern; Blütezeit Mai–Juni. Blüten klein, weiß, in flachen, 5–10 cm großen Dolden, wobei die Randblüten deutlich größer sind. Blätter 3-lappig, an den Enden zugespitzt. Früchte erbsengroß, korallenrot, gehäuft in Dolden. Fruchtreife August bis November, oft hängen sie noch im Winter am Strauch. **Der Verzehr der Früchte, insbesondere im rohen Zustand, kann Erbrechen und Durchfall auslösen. Jedoch gibt es Regionen, in denen sie nach den ersten Frösten oder in bestimmten Zubereitungen durchaus genossen werden. Über die Giftigkeit herrscht bislang keine Einigkeit.**

Eibe

Taxus baccata. Bis 15 m hoher, strauchartiger Baum in Gärten, Parks, auf Friedhöfen und im Unterwuchs naturnaher Wälder. Blütezeit März bis April. Blüten klein, unscheinbar. Nadeln flach, ledrig und biegsam. Früchte rot, beerenartig. Fruchtreife August–Oktober. **Nadeln, Rinde sowie die in den Früchten enthaltenen Samen sind stark giftig für Mensch und Tier! Nach Aufnahme kommt es zu Erbrechen, Magenkrämpfen und Kreislaufkollaps. Todesfälle durch Atemlähmung und Herzstillstand sind bekannt. Wurden die Samen bei der Aufnahme nicht zerbissen, ist die Gefährdung einer Vergiftung deutlich niedriger.**

Seidelbast

Daphne mezereum. Bis 1,50 m hoher Strauch in feuchten Wäldern; Blütezeit Februar–April. Blüten klein, rosa, »kleben« bereits früh im Jahr direkt an den noch unbelaubten Zweigen. Blätter schmallanzettlich. Früchte erbsengroß, erst grün, dann korallenrot. Fruchtreife Juni–August. **Alle Pflanzenteile sind sehr stark giftig! Schon Berührungen mit der Rinde rufen starke Hautreizungen hervor. Nach Einnahme der Beeren kommt es zunächst zu starken Reizungen der Mund-, Magen- und Darmschleimhäute. Bereits die Einnahme weniger Früchte kann zum Tod führen. Besonders gefährdet aufgrund der niedrigen Wuchshöhe sind Kinder.**

Zwergmispel-Arten

Cotoneaster spec. Meist bis maximal 50 cm hohe Bodendecker oder Zwergsträucher in Gärten und Parkanlagen; Blütezeit je nach Art April–Juni. Blüten klein, weißrötlich. Blätter klein, hart, oft wintergrün. Früchte meist rot, erbsengroß. Fruchtreife August bis Oktober, bei manchen Arten hängen sie auch den ganzen Winter hindurch am Strauch. **Die vielerorts verfügbaren, bodennah wachsenden Früchte sind giftig und stellen insbesondere für Kinder eine Gefahr dar. Nach Verzehr kommt es durch die enthaltene Blausäure zu Rötungen von Mund und Rachen; auch Brechdurchfall, Übelkeit und Kreislaufkollaps sind mögliche Folgen.**

Pfaffenhütchen

Euonymus europaeus. Bis 5 m hoher Strauch oder Baum in Hecken und Gebüschen; Blütezeit Mai. Blüten unscheinbar, grünlich. Blätter eiförmig, zugespitzt. Früchte sehr auffällig orange und pinkfarben, leuchten bereits von Weitem. Fruchtreife August–Oktober. **Sehr giftig! Vergiftungen bei Kindern treten bereits nach Verzehr von nur 2 Früchten auf. Durch die knallige Farbkombination der Früchte kommt dies leider immer wieder vor. Die Gifte führen zu Magenkrämpfen, blutigen Durchfällen und können in höherer Dosis Leber- und Nierenschädigungen sowie Herzrhythmusstörungen bewirken, oft auch erst am nächsten Tag!**

Bittersüßer Nachtschatten

Solanum dulcamara. Bis 2 m hoher, z. T. kletternder Halbstrauch an feuchten Wegrändern und in Gebüschen; Blütezeit Juni–September. Blüten zu mehreren lang gestielt, lila und gelb. Blätter eiförmig, zugespitzt. Früchte rote, erbsengroße, aber leicht eiförmige Beeren. Fruchtreife August–Oktober. **Stark giftig! Bereits 10 Beeren rufen Vergiftungserscheinungen wie Kratzen im Hals, Übelkeit, Erbrechen und Krämpfe hervor. Weiterhin kann es zu Lähmungserscheinungen bis zur Atemlähmung mit Todesfolge kommen. Verwechslung mit Johannisbeere, Bocksdorn und Berberitze möglich.**

Aronstab

Arum maculatum. 15–40 cm hohe Staude in feuchten Laubwäldern, Gebüschen, Hecken und Gärten; Blütezeit April–Juni. Blüte mit einem großen weißen Hochblatt. Blätter pfeilförmig (Seite 87). Früchte erbsengroß, orangerot, gehäuft an der Spitze des Stängels. Fruchtreife August–September. **Sehr giftig. Vergiftungen kommen bei Kindern immer wieder vor, da die verlockenden, in Bodennähe wachsenden »Perlen« zunächst süßlich schmecken! Wenig später beginnt es in Mund und Rachen zu brennen, es kommt zu Erbrechen und Krämpfen bis hin zu Lähmungserscheinungen und Schädigungen von Leber und Nieren.**

Maiglöckchen

Convallaria majalis. 10–25 cm hohe Staude in Laubwäldern, Gebüschen, Parks und Gärten. Blütezeit Mai–Juni. Blüten weiße, nickende Glöckchen. Blätter ähnlich Bärlauch (s. Seite 24). Früchte erbsengroße, rote Beeren. Fruchtreife Juli–September. **Stark giftig. Gefährdet sind insbesondere kleine Kinder von den verlockend aussehenden Beeren in Bodennähe. Nach Einnahme mehrerer Beeren kommt es zu Durchfall und Erbrechen, gelegentlich zu Schwindel. In höherer Dosis können beschleunigter Puls und Atemlähmungen bis hin zum Herzstillstand auftreten. Auch Blätter und Blüten sind giftig. Bitte nicht von Kindern pflücken lassen.**

Pilze

Wildpilze verraten ihre Zugehörigkeit beim Blick unter den Hut: Findet sich hier ein Schwamm aus vielen Röhren, so handelt es sich um einen Vertreter der **Röhrenpilze (Seite 130–137).** Dazu zählen viele essbare und sehr begehrte Speisepilze wie Steinpilz, Rotkappe und Edel-Reizker. Für Einsteiger sind Röhrenpilze besonders geeignet, da die Verwechslung mit giftigen Arten hier nicht so groß ist. Lamellen unter dem Hut verraten die **Lamellenpilze (Seite 138–147)**. Darunter gibt es sehr schmackhafte, leider aber auch viele zum Teil hoch giftige Doppelgänger! Auf den Seiten 148–157 finden Sie interessante und schmackhafte **Sonderformen** mit Stacheln, Leisten oder sehr feinen Poren unter dem Hut.

Steinpilz, Fichten-Steinpilz

Boletus edulis

J F M A M J **J A S O** N D

Merkmale: Hut meist 5–20 cm, braun. **Röhren** weißlichgelb bis olivgrün. **Stiel** meist dickbauchig, um 15 cm lang und 5 cm breit, hellbraun-weißlich. Charakteristisch: mehr oder weniger deutlich ausgeprägte weiße Netz-Zeichnung auf bräunlichem Grund.

Standort: Hauptsächlich unter Fichten, aber auch unter Kiefern und in Mischwäldern.

Speisewert: Einer der begehrtesten Speisepilze.

Wissenswertes: Es gibt verschiedene Arten von Steinpilzen, die zu unterscheiden an dieser Stelle aber nicht wichtig ist, da sie alle gleichermaßen essbar und schmackhaft sind. Zu Verwechslungen könnte es mit besonders dickstieligen Exemplaren der Marone (Seite 134) kommen, die aber auch ein sehr guter Speisepilz ist. Eine echte Verwechslungsgefahr besteht hingegen mit dem ungenießbaren, täuschend ähnlichen Gallen-Röhrling *(Tylopilus felleus)*. Sein Stiel ist mit einer feinen, erhabenen, braunen Netz-Zeichnung auf hellem Grund überzogen (Steinpilz: weiß auf bräunlichem Grund).

Der ähnliche Gallen-Röhrling, *Tylopilus felleus*, schmeckt gallig-bitter!

Flockenstieliger Hexenröhrling

Boletus erythropus

J F M A M **J J A S O** N D

Merkmale: Hut meist 10–20 cm, dunkelbraun, fühlt sich samtig bis wildlederartig an. **Röhren** charakteristisch blutrot, verfärben sich auf Druck blau. **Stiel** meist 5–15 cm lang, 3–5 cm breit, kräftig und gedrungen. Wirkt durch Tausende orangeroter Flöckchen (kein Netz!) orangerot; zur Basis hin gelblich. Fleisch zitronengelb, verfärbt sich beim Anschneiden sofort blauschwarz. Achtung! Verwechslungsgefahr mit dem unbekömmlichen Netzstieligen Hexenröhrling (s. u.) und dem giftigen Satansröhrling!

Standort: Wächst einzeln oder in kleinen Gruppen in Laub- und Nadelwäldern.

Speisewert: Sein Name, die roten Poren und das bald blau anlaufende Fleisch lassen hier nicht gerade einen schmackhaften Speisepilz vermuten. Und doch ist es so! Tatsächlich ist der Flockenstielige Hexenröhrling der Bruder vom Steinpilz – und schmeckt auch ebenso gut. Die Blaufärbung geschnittener Pilze verliert sich beim Braten.

Wissenswertes: Am ehesten ist eine Verwechslung mit dem häufig unverträglichen Netzstieligen Hexenröhrling *(Boletus luridus)* möglich, der bis vor Kurzem noch als Speisepilz galt. Neuere Untersuchungen zeigten jedoch, dass er insbesondere in Verbindung mit Alkohol unverträglich bis giftig ist. Im Unterschied zum Flockenstieligen Hexenröhrling besitzt er auf dem Stiel eine deutliche Netz-Zeichnung, insbesondere direkt unterhalb des Hutes. Achtung! Unter Laubbäumen wächst der ähnliche, giftige Satansröhrling *(Boletus satanas,* Seite 158). Er hat einen grauweißlichen Hut (Hexenröhrlinge haben nie einen weißlichen Hut), weißes oder allenfalls blassgelbes Fleisch, das nach dem Anschneiden höchstes ganz schwach bläut.

Birkenpilz, Birken-Röhrling

Leccinum scabrum

J F M A M **J J A S O** N D

Merkmale: Hut meist 5–12 cm, braun. **Röhren** weißlichgrau, verfärben sich auf Druck bräunlich. Bei älteren Pilzen quillt die schwammige Röhrenschicht seitlich unter dem Hut hervor (vgl. Rotkappe, S. 133). **Stiel** schlank und meist nach unten dicker werdend, um 10 cm lang und 1–2 cm breit (wirkt im Verhältnis zum Hut lang). Weißlich, mit charakteristischen, abstehenden, schwarzen Schüppchen, dadurch rau wirkend. Ähnelt dem Stamm einer Birke. Das Fleisch des Birkenpilzes bleibt nach dem Anschneiden weiß (vgl. Rotkappe).

Standort: Unter Birken, häufig.

Speisewert: Junge, feste Birkenpilze sind gute Speisepilze. Ältere Exemplare werden schwammig und wässern unangenehm bei der Zubereitung. Ältere Stiele sind fasrig und zäh und werden nicht genutzt.

Wissenswertes: Unter dem Namen »Birkenpilz« werden heute viele Kleinarten zusammengefasst, die sehr ähnlich sind, sich aber doch in jeweils wenigen charakteristischen Merkmalen voneinander unterscheiden. So findet man unter Hainbuchen den täuschend ähnlichen Hainbuchen-Raufuß *(Leccinum carpini)*. Sein brauner Hut ist oft rissig und das Fleisch verfärbt sich nach dem Anschnitt violettgrauschwarz. Unter Pappeln wächst der Pappel-Raufuß *(Leccinum duriusculum)*. Er sieht aus wie ein Birkenpilz, dessen Fleisch sich nach dem Anschneiden von rosa über blaugrün bis zu grauschwarz hin färbt. Alle Birkenpilz-Röhrlinge und Raufüße sind essbar! Zu Verwechslungen könnte es mit den ähnlichen Rotkappen kommen, die aber eher rotbraune bis orangerötliche Hüte besitzen. Sie gelten als noch bessere Speisepilze.

Rotkappe, Laubwald-Rotkappe

Leccinum aurantiacum

J F M A M **J J A S O** N D

Merkmale: Hut meist 5–15 cm, feinfilzig, fast immer trocken, fest und ziegelrot, kann aber auch braungelblich sein und damit dem Birkenpilz ähneln. Jung mit kugeligem Kopf, der wie ein »Rotkäppchen« dem kaum schmaleren Stiel aufsitzt. Mit zunehmendem Alter dann schirmartig ausgebreitet. **Röhren** grauweiß bis gelbgrau, wölben sich auch im Alter nicht unter dem Hutrand hervor (vgl. Birkenpilz, Seite 132). **Stiel** kräftig und fest, meist 10–25 cm lang und 2–4 cm dick, grauweißlich mit wolligen, schwärzlichen Schuppen. An der Basis oftmals blaugrün verfärbt. Das Fleisch der Rotkappen verfärbt sich nach dem Anschneiden violettbraun oder grauschwärzlich.

Standort: Rotkappen finden sich meist unter Pappeln und Eichen, aber auch unter anderen Laubbäumen. Je nach ihrem Standort unterscheiden Experten verschiedene sehr ähnliche Arten. Sie sind alle gleichermaßen essbar und schmackhaft.

Speisewert: Hervorragender Speisepilz, der mit seinem festen Fleisch einem Steinpilz unseres Erachtens in nichts nachsteht. Leider sind Rotkappen nicht mehr so häufig zu finden. Lassen Sie sich bei der Zubereitung bitte nicht erschrecken, wenn das Fleisch schwärzlich anläuft. Dies ist einfach eine normale chemische Reaktion mit dem Sauerstoff aus der Luft und sagt nichts über den Speisewert eines Pilzes aus.

Wissenswertes: Rotkappen mit ihrem rötlichen Hut, der grauweißen Porenschicht, dem schwarz geschuppten, Birkenstamm-ähnlichen Stiel und dem schwärzenden Fleisch sind auch für den Anfänger einfach zu erkennen. Eine Verwechslung mit dem ähnlichen Birkenpilz macht nichts aus.

Marone, Maronen-Röhrling

Boletus badius (= Xerocomus b., = Imleria badia) J F M A M J **J A S O N** D

Merkmale: Hut meist 5–15 cm, kastanienbraun, trocken samtig-filzig, feucht schmierig. **Röhren** jung weißlich bis gelboliv. Charakteristisch: Drücken Sie auf die Röhren, so sollten sich diese blau verfärben. Dasselbe geschieht, wenn Sie den Pilz anschneiden. Hierbei handelt es sich um eine chemische Reaktion an der Luft, die nichts mit Giftigkeit eines Pilzes zu tun hat! Blaut eine Marone hingegen nicht, so liegt möglicherweise eine Verwechslung vor oder aber der Pilz ist zu alt zum Verzehr! **Stiel** meist bis 10 cm lang und 2 cm breit, gelbbräunlich, gemasert, aber ohne Netz-Zeichnung (s. u.).

Standort: Häufig zu findender Pilz unter Kiefern und Fichten, seltener in Laubwäldern.

Speisewert: Ausgezeichneter Speisepilz mit mildem Geschmack. Maronen zählen wegen ihres trockenen und festen Fleisches zu den Pilzen, die sich auch gut trocknen lassen. Lässt sich der Hut einer Marone aber zusammendrücken wie ein Schwamm, so bedeutet dies, dass der Pilz seine Sporenproduktion bereits fertig abgeschlossen hat. Damit ist er eindeutig zu alt zum Verzehr!

Wissenswertes: Maronen mit ihrer kastanienbraunen Kappe, dem gelblichen Schwamm und ihrem charakteristischen »Blauen« zählen eher zu den einfacher zu erkennenden Wildpilzen. Doch je nach Standort kommen sie recht vielgestaltig daher. So können besonders dickstielige Exemplare mit Steinpilzen oder mit dem giftigen Gallen-Röhrling verwechselt werden (Seite 130). Jedoch besitzen diese beiden Arten ein typisches Netzmuster auf dem Stiel: Beim Steinpilz ist es weiß auf braunem Grund, beim Gallen-Röhrling braun auf hellem Grund.

Ziegenlippe

Xerocomus subtomentosus

J F M A M **J J A S O** N D

Merkmale: Hut meist 5–8 cm, olivbräunlich, fühlt sich an wie Wildleder. **Röhren** insbesondere bei jungen Exemplaren leuchtend signalgelb, was ein wichtiges Erkennungsmerkmal ist. Mit zunehmendem Alter etwas ins Olivgrünliche verfärbend. Auf Druck verfärben sich die Röhren höchstens schwach blau-bräunlich (vgl. Marone, Seite 134). **Stiel** meist 5–10 cm lang, 1–2 cm breit, gelblich, im oberen Teil bräunlich, schlank, dabei häufig etwas verbogen. Der Stiel kann auch rötlich überlaufen sein, was zu Verwechslungen mit dem Rotfuß-Röhrling führen könnte (s. u.). Fleisch gelblichweiß, verfärbt sich beim Anschneiden höchstens leicht blau, riecht obstartig.
Standort: Häufig zu findender Pilz in Laub- und Nadelwäldern; steht meist einzeln.
Speisewert: Junge, feste Exemplare geben recht ordentliche Speisepilze ab. Mit zunehmendem Alter werden sie nicht nur schwammig, sondern neigen auch zu Schimmelbildung; daher immer nur ganz junge Exemplare sammeln.
Wissenswertes: Ziegenlippen, deren Stiel rötlichbraun überlaufen ist, können mit dem ähnlichen, ebenfalls essbaren Rotfuß-Röhrling *(Xerocomus chrysenteron)* verwechselt werden. Er ist ebenso gebaut, besitzt auch gelbe (aber nicht so knallige) Röhren, jedoch einen deutlich rot überlaufenen Stiel, insbesondere an der Basis. Auch Fraßstellen von Schnecken sind bei ihm rot umrandet. Im Unterschied zur Ziegenlippe ist die Huthaut bei ihm stark eingerissen und bildet so charakteristische Felder. Außerdem neigt er viel mehr zum »Blauen« als die Ziegenlippe. Er ist essbar, wird jedoch wegen seines säuerlichen Geschmacks nicht von jedem gemocht.

Lärchen-Röhrling, Gold-Röhrling

Suillus grevillei

J F M A M **J J A S O N** D

Merkmale: Hut 4–10 cm, gold- bis ockergelb, auffallend schmierig-klebrig. **Röhren** leuchtend gelb, mit zunehmendem Alter olivbräunlich, verfärben sich auf Druck braun. **Stiel** meist 5–10 cm lang, 1–1,5 cm breit, gelborange, mit einem watteartigen Stielring. Fleisch relativ weich, hell- bis zitronengelb, verfärbt sich nach dem Anschneiden rosa, aber nicht blau; Geschmack eher fade.

Standort: Wächst in Gruppen unter Lärchen.

Speisewert: Junge Lärchen-Röhrlinge sind im Prinzip essbar, liefern aber keine unverzichtbaren Geschmackserlebnisse und wässern recht stark beim Braten oder Kochen. Da sie von manchen Menschen einfach nicht gut vertragen werden (s. Butterpilz), findet man sie heute nicht mehr auf der Positivliste der Speisepilze der Deutschen Gesellschaft für Mykologie (DGfM). Da sie aber wirklich häufig sind, werden sie vielerorts dennoch gesammelt. In jedem Fall sollte bei der Zubereitung immer die schleimige Huthaut abgezogen und verworfen werden, da insbesondere sie es ist, die zu Magen-Darm-Problemen führen kann.

Wissenswertes: Lärchen-Röhrling und Butterpilz zählen zu den sogenannten »Schmierröhrlingen« (Gattung *Suillus*), die ihren Namen wegen ihrer schmierig-schleimigen Hutoberfläche tragen. Alle Schmierröhrlinge wachsen stets unter Nadelbäumen und es gibt unter ihnen keine Giftpilze. Achtung! Bei jungen Exemplaren mit noch geschlossenen Hüten sollten Sie wirklich immer penibel die Unterseite des Hutes auf die Röhrenschicht hin untersuchen – oder auch anschneiden. Es kam schon zu Verwechslungen mit tödlich giftigen goldgelben Lamellenpilzen!

Butterpilz, Butter-Röhrling

Suillus luteus

J F M A **M J J A S O N** D

Merkmale: Hut meist 5–10 cm, jung orangebraun, später schokoladenbraun, mit einer klebrigen Schicht überzogen. Erscheint in der Form oft »buckelig«. **Röhren** blassgelb, später braungelb, bei Druck nicht verfärbend. **Stiel** meist 5–10 cm lang, 2–3 cm dick, mit zunächst weißlichem, später dunkelbraunem Stielring. Oberhalb des Ringes gelb mit schwarzen Pünktchen, darunter bräunlich. Fleisch hellgelb, relativ fest, riecht obstartig-säuerlich.

Standort: Unter Kiefern.

Speisewert: Früher ein regelmäßig gesammelter und viel gegessener Speisepilz, wurde der Butterpilz nun aufgrund vermehrt auftretender Unverträglichkeiten von der Positivliste der Speisepilze der Deutschen Gesellschaft für Mykologie (DGfM) gestrichen. Möchten Sie ihn trotzdem sammeln, so nehmen Sie bitte nur junge, feste Exemplare und ziehen Sie unbedingt die schleimige Huthaut vor dem Kochen ab. Sie ist in jedem Fall unverträglich und wirkt insbesondere bei magenempfindlichen Menschen abführend. Braucht lange Kochzeiten in der Pfanne, da er stark wässert. Ansonsten gilt dasselbe wie beim verwandten Lärchen-Röhrling: Am besten mit intensiver schmeckenden, festeren Wildpilzen mischen.

Wissenswertes: Insbesondere häufig und in größeren Mengen genossen, kann es zu Magen-Darm-Reizungen kommen. Dabei handelt es sich nicht um eine Pilzvergiftung im eigentlichen Sinne, sondern eher um allergieähnliche, individuelle Unverträglichkeiten. Probieren Sie Wildpilze bitte generell immer zunächst in kleinen Mengen und beobachten Sie, ob Sie sie gut vertragen. Unverträglichkeiten können aber auch erst beim zweiten oder späteren Genuss auftreten!

Parasol, Riesen-Schirmling

Macrolepiota procera

J F M A M J **J A S O N** D

Merkmale: Hut 15–35 cm, cremeweiß mit braunen Flocken und Schuppen, die in konzentrischen Ringen angeordnet sind und in der Mitte ein dunkles Feld bilden. **Lamellen** weiß. **Stiel** meist 20 cm lang, 2 cm breit, mit typischer »Natterzeichnung« und einem doppelten, leicht verschiebbaren Ring. Geruch angenehm.

Standort: Wiesen, Straßen- und Waldränder, Parks.

Speisewert: Ausgezeichneter Speisepilz von angenehmer Konsistenz; erinnert an gut gewürztes Hähnchenfleisch.

Wissenswertes: Achtung! Kein Einsteiger-Pilz, da es einige ungenießbare oder sogar giftige Arten gibt, mit denen er verwechselt werden könnte. Zu Verwechslungen könnte es mit Schirmlingen *(Lepiota)* kommen, die aber nicht so groß werden. Der Hutdurchmesser beträgt bei ihnen meist unter 10 cm, ihr Stiel ist nicht genattert und weist keinen verschiebbaren Ring auf. Man findet sie meist auf Komposthaufen, in Brennnessel-Gebüschen und an Bachufern. In Acht nehmen sollten Sie sich unbedingt vor Verwechslungen mit dem giftigen Riesen-Schirmling *(Macrolepiota venenata)*: Er hat keinen genatterten Stiel, der Ring ist bei ihm zwar (schwer) verschiebbar, aber sehr breit und wollig-filzig. Nach Verletzungen rötet er stark. Weitere Indizien sind sein stechend saurer Geruch und sein Vorkommen auf Gartenerde und Kompost. Unser Rat: Möchten Sie nicht auf den Parasol verzichten, so sammeln Sie stets nur solche Exemplare, deren Durchmesser über 12 cm liegt. Achten Sie auf den genatterten Stiel und einen leicht verschiebbaren Ring. Bei Verletzung darf das Fleisch nicht röten. Sammeln Sie ihn nicht in Gärten oder auf Komposthaufen!

Wiesen-Champignon, Wiesen-Egerling

Agaricus campestris

J F M A M **J J A S O** N D

Merkmale: Hut meist 5–10 cm, mattweiß. Jung halbkugelig und geschlossen, im Alter zunehmend flach ausgebreitet. **Lamellen** bei jungen Exemplaren fleischrosa, mit zunehmendem Alter bräunlich (niemals weiß!). **Stiel** meist 5 cm lang, 1–2 cm breit, weiß, mit zartem Ring, zur Basis hin nicht dicker werdend (nicht knollig verdickt!). Fleisch weiß, im Anschnitt höchstens schwach rosa anlaufend (nicht gilbend!), mild. Geruch pilzartig (nicht nach Anis, nicht nach Desinfektionsmitteln!).

Standort: Auf Wiesen und Weiden.

Speisewert: Beliebter Speisepilz, bekannter ist aber die Zuchtform *A. bisporus*.

Wissenswertes: Achtung! Wildwachsende Wiesen-Champignons sind nichts für Pilz-Einsteiger! Eine der häufigsten Ursachen für Pilzvergiftungen stellt die Verwechslung mit dem giftigen Karbol-Champignon (s. Foto unten) dar. Um Verwechslungen mit dem tödlich giftigen Grünen Knollenblätterpilz (Seite 158) zu vermeiden, sollten Sie wissen, dass Champignons immer rosa bis bräunliche Lamellen haben, niemals aber weiße!

Giftiger Doppelgänger: Der Karbol-Champignon *(A. xanthoderma)* verfärbt sich beim Anritzen der Knolle chromgelb und riecht nach Desinfektionsmitteln.

Violetter Rötelritterling

Lepista nuda

J F M A M J J A **S O N** D

Merkmale: Hut meist 5–15 cm, lilabräunlich, im Alter am Rand wellig. **Lamellen** lilaweißlich. Charakteristisch: Sie lassen sich mit dem Finger leicht wegschieben. **Stiel** meist 5–10 cm lang, 1–2 cm breit, hutfarben. Fleisch riecht blumig.

Standort: Wächst gesellig und massenhaft im Spätherbst; oft in dichten Gruppen, Reihen oder Ringen. Meist in Laubwäldern, kann aber auch im Nadelwald, an Wegrändern und auf Wiesen vorkommen.

Speisewert: Sehr guter Speisepilz, doch nicht jeder mag den etwas parfümierten Geschmack.

Wissenswertes: Achtung! Die ähnliche, nah verwandte Nebelkappe *(Lepista nebularis = Clitocybe nebularis)* mit mausgrauem Hut wird in manchen Pilzbüchern noch als essbar eingestuft. Doch lösen ihre Inhaltsstoffe nicht selten Unverträglichkeiten aus, in Tierversuchen sogar Lungenödeme und Krebs. Daher wird sie heute von der Deutschen Gesellschaft für Mykologie nur noch als bedingt essbar, von manchen Autoren auch als giftig eingestuft.

Wird heute nicht mehr als Speisepilz empfohlen: die ähnliche Nebelkappe *(Lepista nebularis = Clitocybe nebularis)*.

Austern-Seitling

Pleurotus ostreatus

J F M A M J J A S **O N D**

Merkmale: Ein echter Winterpilz, der zum Austreiben seiner Fruchtkörper aus dem Holz zumindest leichte Fröste benötigt. **Hut** meist 5–20 cm, erinnert an eine Muschel. Silber- bis mausgrau oder auch bräunlich mit trockener Oberfläche. **Lamellen** cremeweiß, laufen weit am Stiel herab. **Stiel** kurz und dick, meist 2–3 cm lang und 2 cm breit. Weiß, sitzt nicht mittig, sondern seitlich unter dem Hut und kann gelegentlich auch ganz fehlen. Fleisch weiß, mild im Geschmack.

Standort: Wächst immer zu mehreren büschelig an Baumstämmen, meist an Laubholz, selten an Fichten. Kann sogar bis zu 10 m hoch an Baumstämmen vorkommen, aber auch an Stämmen auf dem Waldboden.

Speisewert: Hervorragender und sehr beliebter, würziger Speisepilz. Die meisten kennen ihn wohl eher als Zuchtform, denn nach dem Champignon ist der Austern-Seitling der am häufigsten gezüchtete Speisepilz. Die Kulturform schmeckt aber nicht annähernd so aromatisch wie die Wildform.

Wissenswertes: Der Austern-Seitling ist eigentlich kaum zu verwechseln. Am ähnlichsten sieht ihm der Gelbstielige Muschel-Seitling *(Panellus serotinus)*, der häufig sogar am selben Stamm mit dem Austern-Seitling wachsen kann! Er hat im Unterschied einen deutlich ockergelben Stiel, der Hut ist eher olivbraun. Früher galt er als essbar. Nach neueren Erkenntnissen enthält er jedoch krebsauslösende Substanzen, weshalb von seinem Genuss gewarnt werden muss. Besonders gefährdet sind Menschen, die eine Diät machen: Die Giftstoffe dieses Pilzes werden im Fettgewebe gespeichert und erst später, beim Aushungern der Fettzellen, freigesetzt.

Schopf-Tintling

Coprinus comatus

J F M A M **J J A S O N** D

Merkmale: Hut meist 5–12 cm, weißlich mit weißbräunlichen, abstehenden Schüppchen, die Hutmitte dadurch bräunlich. Bleibt lange Zeit walzenförmig geschlossen und biegt erst im Alter vom Rand her nach oben auf. Dabei zerfließt er zu einer schmierigen, tintenartigen Masse (Name!). **Lamellen** jung weiß, dann über rosa zu schwarz verfärbend. **Stiel** meist 10 cm lang, 1 cm breit, weiß, glatt, mit verschiebbarem, dünnem Ring, der aber fehlen kann, da er leicht abfällt. Stiel innen hohl. Manche junge Exemplare wirken auch »stiellos« – der Stiel wird bei ihnen erst mit dem aufschirmenden Hut sichtbar. Fleisch weiß, mild aromatisch duftend.

Standort: Häufiger, sehr auffälliger Pilz an nährstoffreichen Straßen- und Waldrändern, in Gärten und Parks.

Speisewert: Angenehmer Speisepilz, doch sind nur die jungen, noch komplett geschlossenen Exemplare zum Verzehr geeignet, da die Pilze mit zunehmender Reife zu einer Art schwarzer Tinte zerfließen. Lamellen und Fleisch sollten in jedem Fall weiß gefärbt sein. Bitte innerhalb weniger Stunden konsumieren, da er schnell nachreift.

Wissenswertes: Der Schopf-Tintling ist eigentlich kaum zu verwechseln. Insbesondere dann nicht, wenn bereits ältere, ausgereifte Pilze mit ihrer schwarzen Tinte neben jüngeren Exemplaren stehen. Der ähnliche Graue Falten-Tintling *(C. atramentarius)* hat einen ganz glatten, grauen Hut und ist ebenfalls essbar. Doch ist er dafür bekannt, in Verbindung mit Alkohol Unverträglichkeiten auszulösen. Dieses Phänomen kann auch beim Schopf-Tintling nicht ganz ausgeschlossen werden.

Hallimasch

Armillaria ostoyae

J F M A M J J A **S O N** D

Merkmale: Wächst oft in großen Büscheln an toten oder geschwächten Bäumen. **Hut** meist 3–15 cm, anfangs gewölbt, später flach. Ocker- bis rotbraun, mit braunen bis schwärzlichen Schüppchen, in der Hutmitte dichter angeordnet. Durch Regen können sie abwaschen und damit auch ganz fehlen. Rand meist nach unten gebogen. **Lamellen** cremeweiß bis bräunlich, laufen etwas am Stiel herab. **Stiel** meist 5–15 cm lang, 1–2 cm breit, gelbbraun, flockig beschuppt, mit charakteristischem, weißlichem, etwas abstehendem Ring.
Standort: Auf Nadel- und Laubhölzern.
Speisewert: Als echter Massenpilz wurde der Hallimasch schon von der Generation unserer Großeltern gerne zu »Pilzklopsen« verarbeitet. Dabei wird er von vielen Menschen nicht gut vertragen und ist deshalb auch heute von der Deutschen Gesellschaft für Mykologie nur als »bedingt essbar« eingestuft worden. Wichtig ist beim Hallimasch, ihn mindestens 15 Minuten lang wirklich heiß durchzubraten bzw. abzukochen, da hierdurch die unverträglichen Inhaltsstoffe weitgehend zerstört werden.
Wissenswertes: Da der Hallimasch giftige Doppelgänger hat, ist er zum Sammeln für Einsteiger ausdrücklich nicht geeignet! Während sein klassischer Doppelgänger, der noch deutlich stärker beschuppte Sparrige Schüppling *(Pholiota squarrosa)*, einfach nur unverträglich und bitter ist, kann eine Verwechslung mit dem tödlich giftigen Gift-Häubling *(Galerina marginata*, Foto Seite 144) schlimm enden. Hüten Sie sich auch vor ähnlichen, einzeln am Erdboden wachsenden Hallimasch-ähnlichen Pilzen wie dem giftigen Schuppenstieligen Risspilz *(Inocybe terrigena)*!

Stockschwämmchen

Kuehneromyces mutabilis

J F M A **M J J A S O** N D

Merkmale: Ein im Aussehen äußerst variabler Pilz! Feucht insgesamt eher zimtbraun, trocken eher ockergelb. **Hut** 3–7 cm, dünnfleischig, bräunlichgelb mit dunklerer Mitte (»Spiegelei«), wobei die Ausdehnung der beiden Zonen je nach Feuchtigkeit variiert. **Lamellen** hell bis dunkelbraun. **Stiel** meist 4–6 cm lang, 0,5 cm breit und beflockt!

Standort: Wächst büschelig an totem Laubholz.

Speisewert: Sehr guter Speisepilz, nur die Hüte finden Verwendung.

Wissenswertes: Achtung! Stockschwämmchen sollten wirklich nur von Pilzkennern gesammelt werden, da die Verwechslungsgefahr in der Kategorie »kleiner, brauner Lamellenpilz« doch enorm ist! Besonders gefährlich – und auch wahrscheinlich – ist die Verwechslung mit dem Gift-Häubling (s. Foto), der nicht nur täuschend ähnlich aussieht, sondern oft auch mitten zwischen Stockschwämmchen-Ansammlungen wächst! Die einzige relativ sichere Unterscheidungsmöglichkeit bietet der Stiel: Nur beim Stockschwämmchen trägt er Flöckchen, beim Gift-Häubling ist er silbrig-längsfasrig.

Giftiger Doppelgänger: Der Gift-Häubling *(Galerina marginata)* enthält die gleichen tödlichen Gifte wie der Grüne Knollenblätterpilz *(Amanita phalloides).*

Samtfuß-Rübling, Winterpilz

Flammulina velutipes

J F M A M J J A S **O N D**

Merkmale: Hut meist 3–6 cm, leuchtend orange, Rand heller, Huthaut klebrig-gelatinös. Anfangs halbkugelig, mit zunehmendem Alter ausgebreitet. **Lamellen** cremeweiß. **Stiel** meist 3–4 cm lang, 0,5 cm breit, oft gebogen, im unteren Bereich braun und samtweich. Drückt man den Stiel zusammen, so bewegt er sich gummiartig wieder in seine ursprüngliche Form zurück. Fleisch cremefarben, mild.

Standort: Typischer, häufiger Winterpilz, der in Büscheln auf totem oder abgestorbenem Laubholz wächst. Häufig auf Bach-begleitenden Weichhölzern wie Pappeln und Weiden, aber auch in feuchten Buchenwäldern. Fröste machen ihm nichts aus, er kann aber durchaus schon im Oktober erscheinen.

Speisewert: Sehr guter, süßlich-würziger Speisepilz; die Stiele sind zäh und werden nicht mitgegessen.

Wissenswertes: Achtung! Sein Erscheinen im Winter bildet kein verlässliches Bestimmungsmerkmal! Denn auch andere, büschelig auf Holz wachsende Pilze können milde Winterwitterungen zur Ausbildung von Fruchtkörpern nutzen. Besonders gefährlich ist die Verwechslung mit seinem tödlich giftigen Doppelgänger, dem Gift-Häubling *(Galerina marginata,* Foto links), der keinen samtigen Stiel besitzt, sondern einen silbrig-längsfasrigen. Auch unter den ähnlichen Schwefelköpfen *(Hypholoma)* gibt es einige nicht unähnliche und giftige Arten. Experten bestimmen sie unter dem Mikroskop anhand ihres unterschiedlich gefärbten Sporenpulvers. Tipp: Zeigen Sie Ihre Pilzfunde im Zweifelsfall vor dem Verzehr bitte einem Pilz-Sachverständigen Ihrer Region. Dazu ist es unbedingt nötig, die Stiele immer komplett mitzunehmen!

Speise-Täubling

Russula vesca

J F M A **M J J A S O** N D

Merkmale: Hut meist 5–10 cm, altrosa bis lilarosa, trocken matt, oft mit ockergelben Flecken. Erst gewölbt, später flach und meist mit Vertiefung in der Mitte. Die Huthaut ist größtenteils leicht abziehbar. Charakteristisch ist der Hutrand: hier reicht die Huthaut nicht ganz bis zum äußersten Rand, sodass der Hut hier »Zähne zeigt« (die weißen Lamellen schauen am Rand hervor). **Lamellen** weiß, jung noch biegsam, bald spröde werdend. **Stiel** meist 5–6 cm lang, 1–2 cm breit, weiß und ohne Ring, brüchig. Typisch: Der Stiel wird zur Basis hin schlanker. An der Basis häufig mit ockergelben Verfärbungen. Fleisch weiß, fest, trocken, angenehm duftend.
Standort: Ein typischer und häufiger »Sommerpilz«, bevorzugt auf Sandböden.
Speisewert: Sehr guter Speisepilz mit mildem, nussig schmeckendem Fleisch.

Wissenswertes: Typisches Kennzeichen aller Täublinge ist ihr sprödes Fleisch. So lassen sich Stiel, Hut und Lamellen bei ihnen sehr leicht brechen. Dabei gilt genau wie bei den Milchlingen (s. Edel-Reizker), dass alle mild schmeckenden Täublinge essbar sind. Zur Probe tippt man dazu die Lamellen mit der Zungenspitze an oder kaut kurz auf einem Stückchen des Fleisches und spuckt es wieder aus. Seine ungenießbaren Doppelgänger, die sogenannten Spei-Täublinge (»Speiteufel«), sind anhand der Färbung nur unzuverlässig zu unterscheiden. Das sicherste Erkennungsmerkmal bildet ihr gallebitterer, scharf-brennender Geschmack. Achtung! Nur wer zweifelsfrei erkennt, dass es sich um einen Täubling handelt, darf eine Geschmacktsprobe vornehmen, denn derartige Proben von Giftpilzen können gefährlich sein.

Edel-Reizker, Echter Reizker

Lactarius deliciosus

J F M A M J J **A S O N** D

Merkmale: Hut meist 4–10 cm, fest, orange, mit konzentrischen Ringen und silbrigem Schimmer, im Alter grünlich verfärbend. **Lamellen** orange, auf Druck leicht grün färbend, laufen ein Stück weit am Stiel herab. **Stiel** meist 4–8 cm lang, 1–3 cm breit, orange, auf Druck grünfleckig. Charakteristisch: Schneidet man den Pilz an, so tritt augenblicklich ein orangefarbener, Karottensaft-artiger Milchsaft aus, der sich beim Trocknen nach einigen Stunden grün verfärbt. Fleisch weißlichorange, läuft später grünlich an, mürbe, schmeckt mild.

Standort: Unter Kiefern.

Speisewert: Sehr guter Speisepilz, gleichzusetzen oder sogar noch höherwertiger als die im selben Lebensraum häufig vorkommende Marone.

Wissenswertes: Wenn der ganze Pilz karottenfarben ist, er unter Kiefern wächst und beim Anschneiden richtig orangefarbener Karottensaft herauskommt (gelb reicht nicht), dann ist er in jedem Fall essbar. Damit ist der schmackhafte und leicht anzusprechende Echte Reizker auch für Einsteiger eine sehr interessante Art. Unter Tannen findet man einen weiteren Reizker mit karottenartigem Saft, den Lachs-Reizker *(Lactarius salmonicolor)*; auch er ist ein guter Speisepilz. Ein weiterer Doppelgänger wächst unter Fichten, der essbare Fichten-Reizker *(Lactarius deterrimus)*. Auch er sondert eine karottenfarbige Milch ab, die sich aber nach 10–15 Minuten weinrot umfärbt. Er gilt als nicht so beliebter Speisepilz wie der Echte Reizker. Die Reizker zählen zur Gruppe der unter den Lamellenpilzen leicht zu erkennenden Milchlinge *(Lactarius)*. Dabei gilt: Alle mild schmeckenden Milchlinge sind essbar!

Echter Pfifferling

Cantharellus cibarius

J F M A M **J J A S O** N D

Merkmale: Hut meist 4–10 cm, leuchtend gelb, trichterförmig, Rand nach unten umgebogen, im Alter wellig. Statt Lamellen tragen Pfifferlinge deutlich erhabene, viel dickere **Leisten**, die ein Stück weit am Stiel herablaufen. Beim Echten Pfifferling sind sie leuchtend gelb, zum Hutrand hin mehrfach verzweigt und mit typischen Querverbindungen. **Stiel** meist 5 cm lang, 1–2 cm breit, cremefarben bis gelb. Fleisch blassgelb, schmeckt roh scharf-pfeffrig.

Standort: Wächst am liebsten auf Moos in Laub- und Nadelwäldern.

Speisewert: Hervorragender, sehr aromatischer und viel gesuchter Speisepilz von angenehmer Festigkeit, die sich auch beim Garen nicht verliert.

Wissenswertes: Es gibt verschiedene Formen des Pfifferlings. Manche sind blasser oder tragen lila Schüppchen auf dem Hut. Sie alle sind essbar. Wer aber südlich der Alpen auf Pfifferling-Suche geht, sollte sich mit dem ähnlichen, aber giftigen Ölbaum-Pilz *(Omphalutus illudens)* vertraut machen. Dieser wächst jedoch, anders als der Echte Pfifferling, büschelig auf Holz und trägt keine Leisten, sondern Lamellen.

Der Falsche Pfifferling *(Hygrophoropsis aurantiaca)* ist orange und fühlt sich weich an. Er trägt Lamellen und kann Magen-Darm-Probleme verursachen.

Trompeten-Pfifferling

Craterellus tubaeformis (= Cantharellus t.)

J F M A M J **J A S O N** D

Merkmale: Hut meist 3–6 cm, trichterförmig, braungelblich, am Rand wellig. Wie der Echte Pfifferling trägt auch er unter dem Hut statt Lamellen dicke, erhabene **Leisten**. Sie sind graugelblich, im Alter auch bräunlich gefärbt und laufen am Stiel herab. **Stiel** meist 4–8 cm lang, 0,5–1 cm breit, leuchtend gelb und, anders als beim Echten Pfifferling, innen hohl. Fleisch dünn, gelblichweiß.

Standort: In Laub- und Nadelwäldern. Zwischen dem Falllaub am Waldboden nur schwer zu finden, obwohl er nicht selten ist. Der leuchtend gelbe Stiel bleibt nämlich meist zwischen den Blättern verborgen und die braune »Tarnkappe« hebt sich kaum zwischen dem bräunlichen Falllaub ab. Hat man aber einmal einen entdeckt, dann kann man meist plötzlich sehr viele rings um die eigenen Fußstapfen herum ausmachen!

Speisewert: Guter Speisepilz; aufgrund des dünneren Fleisches und hohlen Stiels aber nicht so ergiebig wie der Echte Pfifferling. Dafür lässt er sich aber ausgezeichnet trocknen. Energiesparend geht das in speziellen Dörr-Automaten; es funktioniert aber auch im Backofen. In dünne Scheiben geschnitten, benötigen die Pilze bei 40 °C Umluft etwa 5–6 Stunden Trockenzeit. Wichtig: Pilze müssen wirklich rascheltrocken sein, damit später nichts schimmelt. Am besten in Gläsern aufbewahren.

Wissenswertes: Verwechslungen mit dem sehr ähnlichen, ebenso essbaren Goldstieligen Leistling *(Craterellus aurora)* machen nichts aus. Achtung! Zwischen Trompeten-Pfifferlingen wächst nicht selten der tödlich giftige Spitzbucklige Raukopf *(Cortinarius rubellus*, Seite 159)! Junge Exemplare wurden schon verwechselt.

Herbst-Trompete, Toten-Trompete

Craterellus cornucopioides (= Collybia velutipes)

J F M A M J J **A S O** N D

Merkmale: Meist 3–10 cm hoher und 3–4 cm breiter, tütenförmiger Pilz, dessen Hut gleichmäßig in den Stiel übergeht. Hutoberseite dunkelbraun bis schwarz, am Rand wellig nach außen umgebogen. Die Unterseite des Hutes ist runzelig und heller grau als die Hutoberseite. Diese hellgraue, runzelige Schicht bedeckt den Stiel komplett und reicht bis an den Waldboden hinunter. Der gesamte Pilz ist innen hohl, das Fleisch dadurch nur 1–2 mm dünn. Geruch fruchtig.

Standort: In Laubwäldern, häufig unter Buchen oder Eichen. Wird aber meistens übersehen.

Speisewert: Trotz seines schaurigen Namens ein sehr guter Speisepilz! Sein dünnes Fleisch und der aromatisch-würzige Geschmack prädestinieren diesen Pilz zum Trocknen und zur anschließenden Weiterverarbeitung zu einem Pilz-Würzpulver. Nach dem Trocknen (siehe Trompeten-Pfifferling, Seite 149) sollen die Pilze so mürbe sein, dass sie sich zwischen den Fingern zerbröseln lassen. In einer Kaffeemühle oder mit der Küchenmaschine werden sie nun zu einem grobkörnigen Pulver zermahlen. In einem fest verschließbaren Gefäß ist dieses bis zur nächsten Pilzsaison haltbar und kann als Pilzwürze einfach in Suppen oder Saucen eingestreut werden. Bitte beachten sie, dass das Pulver nicht zum rohen Verzehr geeignet ist, sondern immer 5 Minuten lang mitgekocht werden muss!

Wissenswertes: Die eigenartige Toten-Trompete hat keine giftigen Doppelgänger. Das Fleisch sollte aber immer mürbe sein und leicht brechen. Fühlt es sich zäh und biegsam an, ist es zu alt zum Verzehr und kann ernste Magen-Darm-Probleme nach sich ziehen.

Semmel-Stoppelpilz

Hydnum repandum

J F M A M J **J A S O N** D

Merkmale: Hut meist 5–12 cm, cremefarben, matt, unregelmäßig gewölbt und manchmal mit den Hüten benachbarter Pilze verwachsen. Als Besonderheit trägt dieser Pilz unter dem Hut keine Röhren und auch keine Lamellen wie die meisten anderen Pilze, sondern weißliche **Stacheln**, die den Stiel oft noch ein Stück weit herablaufen. Die Länge der Stacheln erlaubt dabei Rückschlüsse auf das Alter des Pilzes: Bei jungen Exemplaren sind sie nur etwa 2 mm lang und biegsam, bei älteren bis zu 6 mm und dann leicht abbrechend. **Stiel** meist 5 cm lang, 1–2 cm breit, weißlich, sitzt oft nicht ganz mittig unter dem Hut. Fleisch cremefarben, mürbe, im Schnitt langsam gilbend.

Standort: In Laub- und Nadelwäldern.

Speisewert: Semmel-Stoppelpilze gelten als gut verträgliche Speisepilze, über ihren Geschmack allerdings streiten sich die Gemüter. Während manche ihn sehr schmackhaft finden, beschreiben andere ihn eher als fade bis muffig. In Frankreich ist er unter dem Namen »pied de mouton« (Schafsfuß) ein geschätzter und häufig auf Märkten feilgebotener Speisepilz. Probieren Sie doch einfach mal selbst! Wichtig ist in jedem Fall, stets nur ganz junge Exemplare (mit kurzen Stacheln, s. o.) zu verwenden, da Semmel-Stoppelpilze im Alter zwar noch lange gut aussehen, aber dennoch bitter sind.

Wissenswertes: Auch Einsteigern kann das Sammeln des Semmel-Stoppelpilzes bedenkenlos empfohlen werden. Mit seiner »Semmelfarbe« und den weißen Stacheln ist er so charakteristisch, dass er praktisch nicht verwechselt werden kann. Der etwas kleinere, rötlicher gefärbte Rotgelbe Stoppelpilz *(Hydnum rufescens)* ist ebenso essbar.

Krause Glucke

Sparassis crispa

J F M A M J J **A S O** N D

Merkmale: Dieser eigenartige Pilz ähnelt am ehesten einem im Wald verloren gegangenen Badeschwamm. Dabei können gute Pilzkenner ihn sogar »erschnüffeln«. Da er nämlich beim Wachstum das alte Kiefernholz, an dem er wächst, verletzt, umgibt ihn häufig ein intensiver Latschenkiefer-Geruch. Meist ist er 20–50 cm groß und blassgelb bis hin zu orange, im Alter bräunlich. Er besteht aus wellig-krausen Lappen, die alle einem Ansatzpunkt unten im Boden am Holz entspringen. Das Fleisch ist elastisch und etwas zäh. Krause Glucken können zum Teil ganz beachtliche Ausmaße annehmen; so gibt es Exemplare von mehreren Kilogramm Gewicht. Bitte schneiden Sie aber immer nur so viel ab, wie Sie wirklich für Ihre Mahlzeit benötigen.
Standort: Meist einzeln am Fuß alter Kiefern; recht häufig, aber nicht jedes Jahr.

Speisewert: Guter, nussig-würzig schmeckender, nach Maggi-Gewürz duftender Speisepilz. Das Putzen dieses Pilzes ist jedoch eine echte Herausforderung, da in seinem labyrinthartigen Fruchtkörper kleine Erdpartikelchen, Kiefernnadeln oder Ohrenkneifer gute Verstecke finden. Am besten bewährt hat sich, ihn in Scheiben zu Schneiden und kräftig mit einem Duschkopf abzubrausen. Eignet sich sehr gut für die Pilzpfanne, Suppen und Eintöpfe.
Wissenswertes: Guter Pilz für »Einsteiger«, da praktisch unverwechselbar und schmackhaft. Selbst in beliebten Pilz-Sammelwäldern findet man sie häufig unberührt, da sich nicht viele trauen, das eigenartige Geschöpf zu sammeln. Wer erst einmal eine gute Stelle gefunden hat, der wird hier vermutlich auch im nächsten und übernächsten Jahr wieder fündig, da Krause Glucken sehr standorttreu sind.

Schwefel-Porling

Laetiporus sulphureus

J F M **A M J J A S** O N D

Merkmale: Hut 10–40 cm breit, leuchtend zitronengelb bis kürbisfarben, oft mit gelben und orangefarbenen Bändern. Meist wachsen viele Hüte fächerartig übereinander. **Poren** leuchtend gelb, sehr fein. Tipp: Je leuchtender die Farbe, desto jünger und schmackhafter der Pilz.
Standort: Wächst an lebenden Baumstämmen, meist an Laubhölzern.
Speisewert: Sein Spitzname »chicken of the woods« (Huhn des Waldes) sagt es eigentlich schon: Der Schwefel-Porling erinnert in Geschmack und Konsistenz an Hühnchen- oder Kalbfleisch. Dabei ist sein Fleisch aber milder und mürber, eher so wie Tofu. Zu beachten ist, dass wirklich nur ganz junge Pilze zum Verzehr geeignet sind! Und auch von diesen nutzt man nur das jüngste Fleisch – also nur die weichen äußeren Bereiche der Hüte. Vor dem Braten 5 Minuten lang abkochen, das macht den Pilz deutlich bekömmlicher. Abtropfen lassen und dann kurz anbraten. Auch gut als veganer Pizza-Belag geeignet. Achtung! Leider wird der Schwefel-Porling nicht von jedem gleichermaßen gut vertragen. Probieren Sie zunächst nur Mini-Mengen. Zählen Sie eher zu den magenempfindlichen Menschen, so ernten Sie den Pilz lieber nicht von Eichen mit ihrem hohen Gehalt an Gerbstoffen.
Wissenswertes: Bitte stets nur von Laubbäumen ernten! Der im Jugendstadium entfernt ähnliche mögliche Doppelgänger, der Kiefern-Braunporling *(Phaeolus schweinizii)*, wächst nämlich nur am Fuß von Nadelbäumen. Auch Schwefel-Porlinge können auf Nadelbäumen wie der giftigen Eibe *(Taxus baccata)* vorkommen – und sind dann nicht zum Verzehr zu empfehlen.

Riesen-Bovist

Calvatia gigantea

J F M A M J **J A S O N** D

Merkmale: Dieser große und auffällige, eigenartige Pilz erinnert am ehesten an einen auf der Wiese vergessenen Fußball. Er ist kugelrund, weiß und besitzt keinen Stiel. Meist ist er zwischen 20 und 50 cm groß. Manche werden aber auch deutlich größer und können ein Gewicht von mehr als 10 kg auf die Küchenwaage bringen! Das weiße Fleisch ist von einer lederartigen Haut umgeben. Im Alter werden Boviste sowohl außen als auch innen zunehmend olivbraun, schließlich reißt die Außenhaut auf und das Sporenpulver stäubt heraus.
Standort: Vereinzelt auf nährstoffreichen Wiesen, an Wegrändern, in Parks und Gebüschen.
Speisewert: Sie sehen nicht unbedingt danach aus, doch Riesen-Boviste schmecken ganz gut! Lediglich die Konsistenz ihres milden Fleisches, das watte- bis schaumstoffartig ist, erfordert etwas Kreativität bei der Zubereitung. In jedem Fall muss zuerst die ledrige Haut abgezogen werden. Am besten schneidet man ihn dann in daumendicke Stücke, die man in einem gut gesalzenen, verquirlten Ei wälzt und anschließend in Paniermehl. Die Stücke einzeln in der Pfanne mit heißer Butter von beiden Seiten goldbraun braten. Oder wie wär's mal mit einer veganen Variante? Dazu wälzen Sie die Scheiben statt in Ei in einer Marinade aus 3 Tassen Sojamilch, 8–9 EL Kichererbsenmehl und 1 TL Salz. Ausgebraten werden sie dann in Sonnenblumen- oder Olivenöl. Ergibt wunderbar saftig-zarte Pilz-Schnitzel! Dazu passt ein Wildkräutersalat oder auch Brennnessel-Spinat.
Wissenswertes: Nur ganz weiße, feste Pilze sind zum Verzehr geeignet. Aufgrund seiner Größe und Erscheinung ist er praktisch unverwechselbar.

Flaschen-Stäubling, Flaschen-Bovist

Lycoperdon perlatum

J F M A M J **J A S O** N D

Merkmale: Typisch ist ihre verkehrt-flaschenförmige Gestalt (Name!). Sie sind meist 3–8 cm hoch, ihr Kopfteil ist meist 2–5 cm breit. Darauf finden sich viele kleine, körnige Stacheln, die leicht abbrechen und dann ein Netzmuster hinterlassen. Jung sind Flaschen-Stäublinge sowohl von außen als auch von innen schneeweiß, mit zunehmendem Alter verfärben sie sich bräunlich. Schließlich bricht die Hutmitte auf und bei der kleinsten Berührung stäubt in dichten Wolken das Sporenpulver heraus (Name!).

Standort: Von Frühsommer bis Herbst in allen Mischwäldern häufig.

Speisewert: Junge, sowohl innen als auch außen rein schneeweiße Exemplare sind gute, milde Speisepilze. Die körnige Außenhaut sollten Sie abziehen.

Wissenswertes: Der ähnliche, auf Totholz wachsende Birnen-Stäubling *(Lycoperdon pyriforme)* schmeckt nicht und stinkt. Die ähnlichen, ungenießbaren bis giftigen Boviste *(Bovista)* haben keinen so deutlichen Stiel ausgebildet; sie sind mehr sackförmig gebaut und im Gegensatz zu den dünnhäutigen Flaschen-Stäublingen ist ihre Außenhaut dick und ledrig. Ihre Färbung ist auch im Jugendstadium schon bräunlich; spätestens im Anschnitt ist zu erkennen, dass sie nicht reinweiß sind. Achtung! Manche Pilze, wie der tödlich giftige Grüne Knollenblätterpilz *(Amanitha phalloides*, Seite 158) oder auch der Fliegenpilz *(Amanita muscaria*, Seite 159) können im ganz jungen Zustand, solange ihre Hüte noch vollständig kugelig verschlossen sind, durchaus mit Stäublingen verwechselt werden. Schneiden Sie Stäublinge immer in der Mitte durch: Es dürfen dabei keine Lamellen sichtbar werden!

Judasohr

Auricularia auricula-judae

J F M A M J J A S O N D

Merkmale: Ein Baumpilz, der das ganze Jahr über zu finden ist und der tatsächlich frappierende Ähnlichkeit mit dem menschlichen Ohr hat. Meist 3–10 cm groß und 1–2 mm dick, elastisch-gallertig bis knorpelig. Form sehr variabel mit vielfachen Windungen, Ausbuchtungen und aderähnlichen Leisten.

Standort: Hauptsächlich auf Ästen und Stämmen alter Holunderbüsche *(Sambucus nigra)*, gern an feuchten Standorten wie in Auwäldern. Kann aber auch auf Ulmen und anderen Laubbäumen vorkommen.

Speisewert: Das Judasohr hat kaum nennenswerten Eigengeschmack und doch zählt es seit 1500 Jahren zu den beliebtesten Speisepilzen in der asiatischen Küche, bekannt als »Mu-Err«. Enthält einen gesunden Cocktail aus Mineralstoffen und Eiweißen. In Asien gilt er als guter Heilpilz, der immunstabilisierend wirken soll. Wird zur Behandlung von Entzündungen und Allergien eingesetzt. Am besten bei feuchtem Wetter sammeln, da der Pilz bei Trockenheit stark schrumpft und hart wird. Passt am besten als Einlage in Suppen; die Konsistenz erinnert an Meerestang.

Wissenswertes: Auf abgefallenen Ästen von Pappeln und Weiden (nicht aber auf Holunder) wächst der auf den ersten Blick ähnliche, ungenießbare Pappel-Becherrindenschwamm *(Schizophyllum amplum)*. Da er mit seiner Größe von nur 0,5–1,5 cm deutlich kleiner bleibt, wird er auch »Judas-Öhrchen« genannt. Gute Unterscheidungsmerkmale bieten die weißfilzige Unterseite sowie der auch von oben deutlich sichtbare, dicht weißfilzige Hutrand. Er erinnert an den Fellkragen einer Kapuze.

Speise-Morchel

Morchella esculenta

J F M **A M** J J A S O N D

Merkmale: Hut meist eiförmig (die ähnliche, ebenso essbare Spitz-Morchel, *Morchella conica,* hat einen spitzen Hut), 5–12 cm hoch, 3–6 cm breit, mit eigenartiger, wabenartiger Struktur. **Stiel** meist 5–8 cm lang, 1–2 cm breit, cremefarben. Fleisch weißlich, im Hut brüchig, im Stiel eher zäh.
Standort: Vorzugsweise in feuchten Laub- und Mischwäldern, aber auch auf Wiesen und an Wegrändern.
Speisewert: Sehr aromatischer, begehrter Speisepilz, der im Frühjahr erscheint.
Wissenswertes: Bitte verwechseln Sie Morcheln nicht mit den ähnlich klingenden und z. T. auch aussehenden giftigen Lorcheln! Morcheln haben einen symmetrisch geformten, wabenartigen Hut. Wenn man sie aufschneidet, so sieht man im Inneren einen einzigen, durchgängigen Hohlraum von der Hutspitze bis zur Stielbasis. Lorcheln hingegen haben ungleichmäßig geformte, oft hirnartig gewundene Kopfteile. Ihr Inneres ist in mehrere kleine, hohle Kammern gegliedert. Unter ihnen gibt es keine Speisepilze.

Die tödlich giftige Frühjahrs-Lorchel *(Gyromitra esculenta)* mit hirnartig gewundenem Hut erscheint zeitgleich in Kiefernwäldern und Parks. Auch sie riecht aromatisch!

Satansröhrling

Boletus satanas. **Hut** schmutzigweiß bis hellbräunlich, dickfleischig, meist 10–25 cm. **Röhren** außen blutrot, im Anschnitt gelb. **Stiel** dickbauchig-rundlich, meist 6–9 cm lang und 5–10 cm breit. Auffallend rot, direkt unterhalb des Hutes ockergelb. Fleisch gelblichweiß, verfärbt sich auf Druck höchstens schwach blau mit rostroten Flecken. Ältere Exemplare riechen nach Aas. August–Oktober in Laubwäldern, Parks und Gebüschen. **Zu Verwechslungen könnte es mit dem essbaren Flockenstieligen Hexenröhrling (*Boletus erythropus,* Seite 131) kommen. Verursacht heftige Magen-Darm-Störungen; Todesfälle sind nicht bekannt.**

Grüner Knollenblätterpilz

Amanita phalloides. **Hut** meist 10–15 cm, olivgrünlich, aber auch reinweiße Hüte kommen vor! Huthaut abziehbar. **Lamellen** schneeweiß (bei Champignons, Seite 139, sind sie niemals schneeweiß!). **Stiel** weiß oder gelblichgrün, mit häutigem Ring, der aber leicht abfällt. An der Basis mit typischer verdickter Knolle (Name!). Fleisch weiß, aber nicht bitter oder unangenehm im Geschmack! Wächst von Juli bis Oktober in Laubwäldern, Parks und Gärten. **Achtung! Tödlich giftiger Pilz, der leider oft mit Champignons verwechselt wird. Bereits ein einziger Knollenblätterpilz ruft ernsthafte, oft sogar tödliche Vergiftungen beim Menschen hervor.**

Kegelhütiger Knollenblätterpilz

Amanita virosa. **Hut** meist 5–10 cm, weiß, mit abziehbarer Huthaut, jung glockig geformt, später auch flach, oft mit auffällig schiefem Hutrand. **Lamellen** weiß (bei Champignons, Seite 139, sind sie niemals schneeweiß!). **Stiel** meist 7–10 cm lang, um 1 cm breit, weiß, flockig, mit Ring, der aber fehlen kann. An der Stielbasis knollig verdickt (Name!). Fleisch weiß, riecht rettichartig. Wächst von Juli bis Oktober auf nährstoffarmen, sauren, eher feuchten Böden in Nadelwäldern, seltener in Laubwäldern. **Achtung! Ebenso tödlich giftig wie der Grüne Knollenblätterpilz (s. o.). Vergiftungen beginnen stets mit einigen Stunden Verzögerung.**

Pantherpilz

Amanita pantherina. **Hut** meist 5–10 cm, braun, mit weißen Flocken (können bei Regen abwaschen). Jung halbkugelig, später ausgebreitet-flach, mit gerifeltem Rand. **Lamellen** weiß. **Stiel** meist 6–10 cm lang, um 1 cm breit, an der Basis eine rundliche Knolle mit deutlich abgesetztem, wulstigem Rand. Fleisch weiß, rötet nicht beim Anschneiden. Wächst von Juli bis Oktober in Laub- und Nadelwäldern. **Achtung! Verwechslungen mit essbaren Perlpilzen *(Amanita rubescens)* oder Grauen Wulstlingen *(Amanita excelsa)* endeten nicht selten tödlich. Daher haben wir in diesem Buch auf die Aufnahme dieser beiden Arten bewusst verzichtet.**

Fliegenpilz

Amanita muscaria. **Hut** meist 5–15 cm, rot, mit weißen Flocken, die aber durch den Regen abgewaschen sein können. Jung gewölbt, älter ausgebreitet-flach. **Lamellen** weiß. **Stiel** meist 10–20 cm lang, um 1 cm breit, mit weißem Ring und rundlicher Knolle an der Basis. Fleisch weiß, direkt unter der Huthaut gelb. Sehr häufiger Pilz von Juli bis November in Wäldern aller Art, auch in Kiesgruben und an Wegrändern. Häufig in Begleitung von Fichten, Birken und Kiefern. **Verursacht Bewusstseinsstörungen, Wahnvorstellungen, heftige Magen-Darm-Störungen und Kreislaufversagen bis hin zur Atemlähmung.**

Spitzbuckliger Raukopf

Cortinarius rubellus. **Hut** meist 3–8 cm, mit spitzem Buckel in der Hutmitte (Name!). Orange-rostbraun, matt und feinschuppig. **Lamellen** zimtbraun, breit. **Stiel** meist 5–10 cm lang, 0,5–1 cm breit, rostbraun, mit gelben Flecken. Fleisch gelblich, im Stiel eher rostbräunlich. Wächst von August bis November in Nadelwäldern. **Achtung! Wächst oft zwischen Trompeten-Pfifferlingen *(Craterellus tubaeformis,* Seite 149). Besonders junge Exemplare werden leicht mit Pfifferlings-Arten verwechselt! Besonders tückisch: Die Vergiftungserscheinungen treten oft erst nach mehreren Tagen auf; dann sind die Nieren bereits irreversibel geschädigt.**

Unsere Lieblingsrezepte

Verwendete Abkürzungen
TL = Teelöffel
EL = Esslöffel

9-Kräuter-Suppe

Es ist ein schöner Brauch, pünktlich zum Frühlingsbeginn Ende März hinaus in die Natur zu gehen, 9 verschiedene Wildkräuter zu pflücken und daraus eine Suppe zu kochen. Diese Tradition blickt auf über 2000 Jahre Zeitgeschichte zurück: Damals begrüßten bereits unsere keltischen Vorfahren den Frühling, indem sie auf offenem Feuer ihr Süppchen aus genau 9 (= 3×3) Kräutern kochten. Im Rahmen der Christianisierung wurde daraus die »Gründonnerstagssuppe«. Ob nun genau 3×3 Kräuter oder nicht – die Wirkung ist in jedem Fall belebend und entschlackend, was nach den langen Wintermonaten unserem Körper guttut. Je nach Landstrich kursieren viele verschiedene Rezepte und Kräuter-Zusammensetzungen.

Das brauchen Sie
Je 1 Handvoll Kräuter: Löwenzahn (Blätter und Wurzel), Gänseblümchen (Blätter und Blüten), Weiße Taubnessel (Blätter und Blüten), Gilbweiderich (Blätter), Sauerklee (Blätter und Blüten), Giersch (sehr junge Blätter), Brennnessel (Blätter), Vogelmiere (Blüten und Blätter). Alternativ: Knoblauchsrauke, Scharbockskraut, Spitz-Wegerich, Gundermann, Sauerampfer oder Schafgarbe.
Außerdem:
1 Zwiebel
1 EL Öl
1 l Wasser
3 TL Gemüsebrühe
3 Kartoffeln
3 TL Schmand.

So geht's
Geben Sie das Öl in einen Topf und dünsten Sie darin die klein gehackte Zwiebel, die in Scheiben geschnittene Löwenzahn-Wurzel und die geschälten, in Würfel geschnittenen Kartoffeln. Mit dem Wasser aufgießen, die Brühe zugeben und 9 Minuten köcheln lassen. Flamme ausstellen, die fein gehackten Kräuter (ohne Blüten) und Schmand zugeben und 9 Minuten ziehen lassen. Mit den Blüten verzieren.

Wilder Salat

Ein frischer Salat aus Wildkräutern ist eine richtige Vitalstoff-Bombe für unseren Körper. Doch der herbe und oft etwas bittere Geschmack der Wildkräuter ist nicht jedermanns Sache. Unser Tipp: Mischen Sie doch einfach einen Teil Wildkräuter mit 1 Teil »normalem« Salat. Wichtige »Blattmasse« für Wilde Salate liefern Giersch, Brennnessel, Spitz-Wegerich, Vogelmiere, Löwenzahn, Gänseblümchen, Wegwarte, Nachtkerze, Sauerampfer und sehr junge Blätter der Klette. Aber auch junge Blätter und Knospen von Sträuchern und Bäumen wie Himbeere, Wildrose, Weißdorn, Kratzbeere, Johannisbeere, Hasel und Buche sind schmackhaft und gesund!

So geht's

Blüten »ausschütteln« und beiseitelegen. Blätter abspülen, abtropfen lassen, in mundgerechte Stücke zupfen und in eine große Schale geben. Mit den Blüten überstreuen. Als Dressing nehmen wir dieses Basisrezept und verfeinern es nach Belieben: 8 EL Öl, 8 EL Essig (und eventuell 4 EL Naturjoghurt) mit 1 TL Senf (und eventuell 1 TL Honig), 4 EL Wasser, Salz und Pfeffer verrühren. Erst kurz vor dem Servieren über den Salat geben.

TIPP Im Sommer versüßen Wildfrüchte wie Himbeeren oder Wald-Erdbeeren unsere Salate. Im Herbst geben wir gern kleine Sattmacher wie Samen, Nüsse oder Bucheckern dazu.

Wild gewürzt!

Senföle liefern Samen von Knoblauchsrauke, Brunnenkresse, Hirtentäschel und Acker-Senf. Knoblauchgeschmack findet sich in Blättern von Knoblauchsrauke und Bärlauch. Pfefferige Schärfe ist in Samen von Giersch, Hirtentäschel, Schnittlauch, Wiesenkerbel, Wiesen-Bärenklau, Brunnenkresse sowie in Schnittlauch-Blüten enthalten. Nussiges Aroma bringen Samen von Nachtkerze, Brennnessel und Wiesen-Pastinak.

Wildkräuter-Quark

Wenn sich die Frage stellt. Wohin mit den gesammelten Wildkräutern?, dann geht eines immer: ein fix zubereiteter Quark aus »Unkraut«, wie unsere Nachbarskinder es nennen. Die Zutaten hierfür wie Quark, Joghurt, Schmand oder Sahne finden sich tatsächlich immer in unserem Kühlschrank, weil die Kinder sie auch gern für andere Zwecke wie Eis-Zubereitung (siehe Seite 91 und Seite 101) oder Joghurt-Quark-Shakes mit Früchten nutzen.
Wildkräuter-Quark schmeckt lecker zu Pellkartoffeln, Folienkartoffeln, auf Brot oder als Dip, in den man Stangen aus Möhre oder Gurke stippt. Als Kräuter nehmen wir gern Knoblauchsrauke (oder Bärlauch), Sauerklee (oder Sauerampfer), Gänseblümchen, Spitz-Wegerich, Thymian, Löwenzahn, Brennnessel, Giersch, Brunnenkresse, Vogelmiere, Schafgarbe, Wasser-Minze, etwas Taubnessel oder auch etwas Gundermann – je nachdem, was wir gerade so finden. Der Fantasie sind hierbei keine Grenzen gesetzt. Hauptsache, es schmeckt!

Das brauchen Sie
2 Handvoll frische, gehackte Kräuter
250 g Speisequark
1 kleiner Becher Naturjoghurt
1 Becher Schmand (oder saure Sahne)
1 EL Essig
1 EL Öl (oder Milch)
1 Prise Zucker
Pfeffer und Salz.

So geht's
Mischen Sie alle Zutaten bis auf die Kräuter zu einer glatten Masse und ziehen Sie die gewaschenen, gehackten Kräuter darunter. Mit ausgezupften Blüten überstreuen.

TIPP Haben Sie Ihren Lieblings-Kräutermix zusammengestellt? Dann frieren Sie doch einige Portionen der gehackten Kräutermischung auf Vorrat ein.

Frankfurter Grüne Sauce

Hinter der legendären Frankfurter Grünen Sauce verbirgt sich eine köstliche, kalt gerührte Sauce aus genau diesen 7 Kräutern: Borretsch, Kerbel, Kresse, Petersilie, Pimpinelle, Sauerampfer und Schnittlauch. Bunde dieser Kräuter gibt es im Mai auf vielen lokalen Wochenmärkten in Hessen zu kaufen. Aber vielleicht möchten Sie das ein oder andere Kraut auch lieber ersetzen, z. B. durch Löwenzahn, Spitz-Wegerich, Giersch oder Gänseblümchen? Diese köstliche Sauce isst man einfach zu Pellkartoffeln, sie passt aber auch gut zu Fisch- und Fleischgerichten.

Das brauchen Sie
2 Handvoll der 7 Kräuter
5 Eier
1 großer Becher (500 g) Naturjoghurt (oder Dickmilch)
2 kleine Becher (à 200 g) Schmand (Saure Sahne)
75 ml Milch
1 EL Essig
2 EL Öl
1 EL Senf
1 TL Zucker
Pfeffer und Salz.

So geht's
Eier hart kochen, Kräuter abbrausen, fein hacken und beides beiseitestellen. Alle anderen Zutaten cremig rühren. Erkaltete Eier schälen und in ganz kleine Würfel schneiden. Kräuter und Eiwürfel in die Creme rühren. Am besten 1 Tag vorher zubereiten.

Crèma di Sclopit

»Sclopit« ist ein anderer Name für das Taubenkropf-Leimkraut (Seite 23), das in Italien ganz selbstverständlich als Wildgemüse genutzt wird. Für die Crèma di Sclopit wird es zubereitet wie Spinat und so zu Gnocchis und gebratenem Speck gereicht. Geben Sie dazu gutes Olivenöl in einen Topf und braten Sie darin eine Zwiebel und etwas Knoblauch an. 2 Handvoll gewaschene Leimkraut-Blätter zugeben und mit Pfeffer und Salz abschmecken. Zum Andicken streuen Sie etwa 1 EL Mehl darüber, umrühren und fertig.

Fredis grüner Smoothie

Für meinen Mann und mich bis vor Kurzem noch ein Fremdwort, gehören »Smoothies« für unsere mittlerweile jugendlichen Kinder und ihre Freunde ganz selbstverständlich auf den täglichen Speiseplan. Besonders unsere 17-jährige, ernährungsbewusste Tochter experimentiert gern mit möglichst gesunder, kalorienarmer und mineralstoffreicher Nahrung. Was lag da näher, als für unser Büchlein ein eigenes Wildkräuter-Smoothie-Rezept zu kreieren? Vielen Dank, liebe Frederike, für dieses wirklich schmackhafte Rezept!

TIPP Der Kreativität bei der Zubereitung grüner Smoothies sind keine Grenzen gesetzt! Experimentieren Sie doch ruhig einmal selbst mit verschiedenen Früchten und Kräutern. Wichtig ist dabei, dass Sie stets ein »cremiges« Obst wie Banane, Mango, Kiwi, Pfirsich oder Erdbeeren hinzugeben.

Das brauchen Sie

1 Banane
1 süße, reife Birne
Saft von 1 Zitrone
300 ml frisch gepressten Orangensaft
1 Handvoll Himbeeren oder andere Früchte wie Blaubeeren, Johannisbeeren oder Wald-Erdbeeren
1 Handvoll Löwenzahn
1 Handvoll Brennnesseln.

So geht's

Zuerst die Banane schälen und in Stückchen in den Mixer geben. Die Birne entkernen, schälen und ebenfalls in Stückchen dazutun. Den Zitronen- und Orangensaft sowie die Himbeeren zugeben. Den Löwenzahn und die Brennnesseln abbrausen und klein hacken, jedoch nur Blätter und dünne Stängelchen verwenden. Alles mixen und dann genießen. Der Smoothie kann im Nachhinein noch etwas nachdicken, deshalb bei Bedarf noch etwas Orangensaft oder Wasser zugeben. Mit Obst am Rand servieren.

Bunte Butterbrötchen

Diese Butterbrötchen sind garantiert ein Blickfang auf dem Buffet! Sie schmecken nicht nur »mal ganz anders«, sondern sind zudem auch noch sehr gesund. Als Belag für unsere bunten Butterbrötchen oder -brote ist alles geeignet, was zurzeit gerade blüht und essbar ist (Sammelkalender Seite 182/183). Den Blütenreigen eröffnen bereits im Februar Gänseblümchen und Huflattich, dicht gefolgt von Schlehe, Lungenkraut, März-Veilchen, Gundermann und Günsel. Ab April bis in den Spätsommer hinein können Sie essbare Blüten wirklich auf jedem Spaziergang entdecken. Die »Schlusslichter« finden Sie sogar noch im Oktober: Taubnessel, Wilde Malve, Wegwarte und Oregano verabschieden mit ihrer Farbenpracht das Blütenjahr.

Das brauchen Sie

2 Handvoll essbare Blüten der Saison
Brötchen oder Brotscheiben
Butter, Margarine oder Quark
evtl. etwas Salz.

So geht's

Bestreichen Sie Brötchen oder Brote mit Butter, Margarine oder Quark, damit die Blüten gut daran kleben bleiben. Nach Geschmack leicht mit Salz überstreuen. Blüten gut ausschütteln (aber nicht waschen), um möglicherweise darin herumkrabbelnde Käferchen freizulassen. Größere und dicke Blüten wie Löwenzahn und Margerite zupfen wir dabei auseinander. Streuen Sie die Blüten oder ausgezupften Blütenblätter locker über die Brote. Besonders Kinder mögen es sehr, sich schöne Farbmuster dafür einfallen zu lassen.

Wildkräuter-Pfannkuchen

Es gibt nicht so viele Gerichte, die jeder in unserer Familie wirklich gleich gern isst. Dieses Pfannkuchen-Rezept ist da eine beliebte Ausnahme! Wahrscheinlich liegt es daran, dass jeder selbst entscheiden kann, was dazu am besten schmeckt. So kommen Leckermäuler mit dazu gereichtem Puderzucker, Marmelade oder Apfelmus ebenso auf ihre Kosten wie diejenigen, die es lieber herzhaft mögen. Dafür gibt es dann Schafkäse, Schinkenwürfel oder gebratenen Speck und Salat. Das ist übrigens auch der Grund, warum wir den Teig ohne Zucker bereiten. Wer es süß möchte, darf später gern nachzuckern.

Das brauchen Sie

3 Handvoll Blüten und Kräuter
4 Eier
400 g Mehl (wir bevorzugen dazu das 1050er Dinkelmehl)
400 ml Milch
100 ml kohlensäurehaltiges Mineralwasser
1 Prise Salz
bei Bedarf 1 EL Zucker
Öl zum Braten.

So geht's

Blüten von den Kräutern abknipsen (größere Blüten auseinanderzupfen) und beiseitelegen. Blätter kurz abbrausen, fein hacken und auch beiseitestellen. Trennen Sie nun die Eier und schlagen Sie das Eiweiß schaumig. Es muss so fest werden, dass Sie die Rührschüssel samt Eischnee über Kopf halten können, ohne dass etwas herausfließt. Die Eigelbe vermengen Sie nun mit dem Mehl, der Milch, dem Mineralwasser und dem Salz in einer großen Rührschüssel und mixen alles ordentlich durch. Zum Schluss ziehen Sie den Eischnee und die gehackten Kräuter unter. Erhitzen Sie Öl in der Pfanne und geben Sie pro Pfannkuchen 1 Kelle Teig ins heiße Öl. Von beiden Seiten ausbacken, bis er goldgelb ist. Mit den vorbereiteten Blüten bestreuen und noch warm servieren. Größere Blätter und Blüten können auch einzeln in den Teig getunkt und in Öl ausgebacken werden. Das ergibt tolle Blüten- und Blätterchips!

Holunderblüten-Sirup

Mit diesem feinen, einfach zu bereitenden Sirup zaubern Sie den Geschmack des Blütensommers auch noch mitten im Winter in Limonaden, Süßspeisen, Salatsaucen und Cocktails.

Das brauchen Sie

20 Holunder-Blütendolden
2 Bio-Zitronen
1 kg Zucker
1 l Wasser
50 g Zitronensäure (gibt es im Supermarkt oder in der Drogerie/Apotheke).

Für die Zubereitung benötigen Sie neben den üblichen Küchenutensilien außerdem 1 großes, verschließbares Glas oder einen Bowlentopf sowie saubere, gut verschließbare Glasflaschen (wir benutzen Mineralwasser-Pfandflaschen).

So geht's

- Schütteln Sie die Holunder-Blütendolden nach dem Ernten kräftig aus, denn mit ihrem unglaublichen Duft locken sie viele Käfer und andere Tierchen an, die wir in unserem Sirup nicht haben möchten. Bitte nicht waschen, da das Aroma besonders im feinen Blütenstaub sitzt.
- Die Dolden kommen in das große, verschließbare Glasgefäß. Die Zitronen waschen, in Scheiben schneiden und dazugeben.
- In einem Kochtopf erwärmen Sie nun das Wasser mit dem Zucker und der Zitronensäure, bis sich alles aufgelöst hat.
- Das abgekühlte Gemisch gießen Sie ins Glasgefäß zu den Holunder-Blüten.
- Drei Tage bei Raumtemperatur ziehen lassen und dabei einmal täglich umrühren.
- Nun legen Sie ein großes Küchensieb mit Küchenpapier aus und gießen den fertigen Sirup hier hindurch in einen Kochtopf.
- Einmal kurz aufkochen und sofort in heiß ausgespülte Flaschen füllen.

Wir bewahren den Holunder-Sirup in einem kühlen, dunklen Raum auf. Hier ist er durch den hohen Gehalt an Zucker ein halbes Jahr und länger haltbar.

Farbenfroher Gaumenschmaus.

Besonderes aus Blüten

Essbare Blüten überraschen durch unglaublich vielfältigen Geschmack! Während die Blüten von Veilchen, Rot-Klee, Labkraut und Taubnessel erwartungsgemäß honigsüß und mild schmecken, verblüffen Lavendel, Gundermann und Beifuß mit herb-würzigen Blüten und die vom Schnittlauch sind sogar richtig pfeffrig.

Tatsächlich enthalten die Blüten der Pflanzen ja ähnliche Inhaltsstoffe wie Blätter und Stängel:

Blüten-Salz aus gehackten Blüten.

So kommen die Blüten vom Bärlauch knoblauchartig-scharf daher. Bei manchen Wildkräutern sind es auch gerade die Blüten mit ihren hochwirksamen ätherischen Ölen, wonach wir suchen. Kamillen- und Malven-Tee bestehen zum Beispiel hauptsächlich aus Blüten. Dann gibt es auch Pflanzen, deren Blüten ganz eigene Duft- und Geschmackserlebnisse liefern, wie die vom Mädesüß mit seinem unverwechselbar mandel- bis vanilleartigem Aroma.

Probieren Sie doch einfach mal! Generell gilt: Wenn eine Pflanze essbar ist, dann sind es auch ihre Blüten. Und was Ihnen schmeckt, das können Sie frisch oder getrocknet in viele verschiedene Rezepte und Tees als Würze und optischen Augenschmaus einbauen.

Blüten-Salz

Blüten-Salze sind ein dekoratives, gesundes und sehr persönliches Geschenk.

Das brauchen Sie

1 Packung Salz (500 g)

100 g getrocknete Blüten (d. h. ca. 300 g frische Blüten) nach Geschmack. Unsere Mischung auf dem Foto wurde im Juli geerntet und enthält Blüten von Wilder Möhre, Margerite, Lavendel und Wilder Minze (s. Foto), außerdem Mädesüß, Wegwarte, Königskerze, Schafgarbe, Weidenröschen, Blut-Weiderich, Herzgespann, Oregano und Kartoffelrose. Es müssen aber wirklich nicht so viele verschiedene Arten sein.

So geht's

Frisch gepflückte Blüten müssen zunächst getrocknet werden. Dazu die Blüten auseinander-

zupfen und auf einer saugfähigen Unterlage (Geschirrhandtuch, Küchenrolle) ausbreiten. Etwa 3 Tage im Halbschatten trocknen, damit sie ihre schöne Farbe behalten. Wichtig: Die Blüten müssen vor der Weiterverarbeitung richtig »knistertrocken« sein. Bitte beachten Sie, dass die Blüten dabei durch den Wasserverlust auf etwa ⅓ ihres Gewichtes zusammenschrumpfen.
Nun vermengen Sie Salz und getrocknete Blüten am besten portionsweise in einem Mörser oder in einer Pfeffermühle. Das gründliche Vermengen ist wichtig, weil dabei bereits wichtige Pflanzeninhaltsstoffe austreten und vom Salz aufgenommen werden. Vor Feuchtigkeit geschützt aufbewahren und frisch über Speisen streuen oder mitkochen. Sollte innerhalb eines halben Jahres verbraucht werden.

Blüten-Butter

Am besten bereiten Sie die Blüten-Butter bereits einen Tag vorher zu, da sie noch etwas Zeit zum Festwerden benötigt. Sie lässt sich in den Förmchen auch gut auf Vorrat einfrieren.

Das brauchen Sie
1 Päckchen Butter (250 g)
1 EL Öl
etwas Salz
1–2 Handvoll frisch gepflückte Blüten und Blätter nach Saison (Sammelkalender Seite 182/183)
Eiswürfel-Förmchen aus Gummi.

So geht's

Die Butter aus dem Kühlschrank nehmen, damit sie etwas weich wird. Blätter und Blüten von möglicherweise vorhandenen Käferchen oder anderen kleinen Insekten befreien und fein hacken. Die Butter in kleinen Flöckchen abstechen und in eine Rührschüssel geben (funktioniert gut mit einem Teelöffel, der zwischendurch in ein Glas heißen Wassers getaucht wird). Butter cremig rühren, Öl, Salz und die Hälfte der gehackten Blüten und Blätter untermischen. Die Buttermasse in Eisförmchen aus Gummi streichen. Dabei obenauf so viel Platz lassen, dass die andere Hälfte der Blüten-Blätter-Mischung noch darauf verteilt werden kann. Im Kühlschrank über Nacht fest werden lassen. Am nächsten Tag anrichten.

Blüten-Eiswürfel

Wie kommt die Blüte ins Eis? Bei der Wiesen-Margerite (Seite 37) finden Sie die Anleitung hierzu.

Sommerliche Blüten-Butterherzen.

Tees aus Kräutern, Blüten und Früchten

Das Mischen einer individuellen Teesorte ist eine kreative und Freude bringende Angelegenheit. Wir wählen dazu gern ein »Basiskraut«, das gut die Hälfte unserer Mischung ausmacht. Das könnte bei einem Frühjahrs-Tee zum Entschlacken z. B. Brennnessel sein. Zu diesem Basiskraut geben wir noch 1–2 Kräuter, die ähnlich wirken (z. B. Löwenzahn und Spitz-Wegerich), und eine Zutat, die einfach lecker schmeckt (z. B. säuerliche, getrocknete Früchte oder junge Himbeer- bzw. Erdbeer-Blätter). Dazu kommen nun noch einige schöne, bunte Blüten (hier würden Gänseblümchen, Löwenzahn oder Veilchen gut passen).

Wann immer möglich, sollten Sie Ihren Tee aus frischen Zutaten bereiten. So kommen Sie in den vollen Genuss aller guten Inhaltsstoffe und Aromen. Tees aus getrockneten Kräutern behalten wir uns für die Herbst- und Wintermonate vor. Am besten geben Sie Ihre Kräuter einfach lose in eine Kanne, damit sich das Aroma möglichst frei entfalten kann. Nach dem Ziehen wird der fertige Tee dann durch ein Sieb in eine zweite Kanne gegossen.

Wie heiß muss das Wasser sein?
Heil-Tees werden gern, wie auf Seite 57 beschrieben, als Kaltauszug angesetzt. Dabei bleiben besonders viele der empfindlichen Wirkstoffe erhalten, allerdings kann die Belastung mit Keimen hierbei auch größer sein.

Klassisch bereitet man einen Tee mit kochendem Wasser. Dieses sollte vor dem Aufgießen allerdings erst 2–3 Minuten abkühlen (auf etwa 90 °C), um möglichst viele ätherische Öle im Tee zu erhalten.

Tees aus frischen Kräutern sind bereits nach 3 Minuten fertig gezogen, getrocknete Kräuter benötigen 5–10 Minuten. Manche Kräuter werden nach einigen Minuten auch bitter – am besten zwischendurch einmal probieren.

Wilder Senf

Das brauchen Sie

50 g Samen, z. B. von Acker-Senf, Knoblauchsrauke, Hirtentäschel oder Brunnenkresse sowie 1–2 Handvoll Blätter und Blüten dieser Kräuter
50 ml Apfelessig
2 EL Wasser
1 TL Zucker
1 TL Salz
weitere Kräuter (z. B. Beifuß, Giersch, Oregano, Spitz-Wegerich) nach Geschmack.

So geht's

Die Samenkörnchen möglichst fein reiben, damit der Senf cremig wird. Das funktioniert mit einer Kaffee- oder Getreidemühle oder per Hand im Mörser. Die geriebenen Samen mit dem Salz, Zucker und den fein gehackten Kräutern gut vermischen. Essig und Wasser erhitzen und noch warm unter die Senfmasse ziehen. Sehr gründlich verrühren und zwischendurch ausquellen lassen; der Senf wird dabei immer fester. In ein heiß ausgespültes Glas mit Schraubdeckel geben und vor Gebrauch noch 2 Wochen ziehen lassen (Senf reift nach). Hält im Kühlschrank 4 Monate und länger.

Falsche Kapern

Das brauchen Sie

4 Handvoll ungeöffnete Knospen, z. B. von Nachtkerze, Wiesen-Margerite, Löwenzahn, Scharbockskraut, Bärlauch, Gänseblümchen, Rainkohl oder Gänsedistel
1 TL Salz
ca. 500 ml Wasser
ca. 500 ml Essig (die Knospen müssen stets vollständig bedeckt sein)
gut verschließbare, heiß ausgespülte Gläser.

So geht's

Die Knospen abbrausen, in einen Kochtopf geben, mit Salz bestreuen und über Nacht ziehen lassen. Am nächsten Morgen mit Wasser bedecken und 2 Minuten köcheln lassen. Die Knospen in einem Sieb abtropfen lassen und in Schraubgläser geben. Den Essig aufkochen und damit die Kapern bedecken, sodass die Gläser bis oben hin gefüllt sind. Gläser zuschrauben. Nach 3–4 Tagen die Knospen nochmals kurz mit dem Essig aufkochen und wieder mit dem Essig in die Gläser füllen. Nach Geschmack können noch Gewürze und/oder verschiedene Kräuter mit eingelegt werden. Gläser verschließen und kühl und dunkel lagern. Hält 6 Monate und länger.

Gutes in Öl, Essig & Schnaps

Hier sind der Kreativität keine Grenzen gesetzt! Tatsächlich macht das Ansetzen von Likören, Essig oder Öl auch eher unmotivierten Köchinnen und Köchen Spaß. Denn das Aufwendigste daran ist tatsächlich auch das Schönste: das Ernten und Sammeln. Die Küchenarbeit hingegen ist ruck, zuck erledigt. Denn »Angesetzte« machen sich praktisch von allein. Die Produkte lassen sich dann noch wunderbar zu Weihnachten verschenken – was will man mehr?

Zum Einlegen geeignet sind praktisch alle Wildkräuter, Blüten und Wildfrüchte, die Ihnen schmecken. Aber auch viele Wurzeln mit ihren konzentrierten Inhaltsstoffen liefern gute Öle, Essig oder Magenbitter, z. B. die Wurzeln von Wald-Engelwurz, Klette, Wiesen-Pastinak, Hirtentäschel, Nachtkerze, Odermennig, Gänse-Fingerkraut oder Kohldistel.

Das brauchen Sie

Je nach Jahreszeit Kräuter, Blüten, Wurzeln oder Früchte, evtl. zusätzlich Gewürze, evtl. Kandiszucker, Weithalsflaschen oder -gläser (Saftflaschen oder große Gurkengläser). Einige Wochen später benötigen Sie dann noch Kaffeefilter, schöne, verschließbare Fläschchen und Etiketten.

So geht's

Zum Ansetzen sind Weithalsflaschen oder -gläser praktisch – wie im Foto unten links. Geben Sie das frische oder getrocknete Sammelgut in das Gefäß, sodass dieses etwa bis zur Hälfte gefüllt ist. Nach Geschmack Kandiszucker und/oder Gewürze zugeben. Mit gewünschter Flüssigkeit (Öl, Essig, Wein oder Schnaps) bis fast zum Rand auffüllen. Dabei müssen alle Pflanzenteile vollständig mit Flüssigkeit bedeckt sein – was oben herausguckt, beginnt sonst zu schimmeln. 4–6 Wochen auf der Fensterbank stehen lassen, dabei täglich einmal schütteln. Nach der Ziehzeit durch einen Kaffeefilter in saubere, dekorative Fläschchen umfüllen, fest verschließen und kühl lagern. Schnäpse und Liköre dann am besten noch einige Wochen bis Monate stehen lassen – sie werden immer besser!

Essig & Öl aus Kräutern und Blüten

Angesetzte Kräuteressige nehmen wir, um damit Salatsaucen anzurichten, zum Einlegen von »Falschen Kapern«, um Senf anzurühren oder einfach als Hautpflegemittel. Ein »Schuss« Kräuteressig in einem Glas Wasser ist sehr gesund – auch unsere Tiere bekommen regelmäßig etwas davon ab. Geben Sie einfach Kräuter (z. B. Beifuß, Bärlauch, Thymian oder Mädesüß), Blüten oder Früchte (z. B. Himbeeren oder Kornelkirschen) Ihrer Wahl in ein Glas und übergießen Sie alles mit einem hellen Essig. Öle werden ebenso angesetzt. Sie sind geeignet als Speiseöl »mit Geschmack«, aber auch als Hautpflegemittel wie z. B. Johanniskraut-Öl oder Klettenwurzel-Öl.

Kornelkirschen-Likör

Dieser Likör hat nicht nur eine wunderschöne Farbe, er schmeckt auch so und ist – in kleinen Mengen genossen – sehr gesund. Übergießen Sie dafür 300 g angeritzte Kornelkirschen und 150 g braunen Kandis mit 350 ml Wodka. Sie können statt Wodka auch Gin oder Doppelkorn nehmen – wir bevorzugen allerdings diese Variante.

Nach demselben Rezept haben wir auch einen Schlehen-Likör angesetzt. Als Würze haben wir ihm noch zusätzlich 1 Zimtstange und 4 Gewürznelken beigefügt. Ein süßer Traum für kalte Winterabende!

Hopfen-Wein oder -Sherry

Ein kleines Gläschen Hopfen-Wein oder -Sherry beruhigt und entspannt vor dem Schlafengehen. Sie benötigen dafür 2 Handvoll weibliche Hopfenzapfen, Scheiben einer ungespritzten Zitrone und 1 l guten, trockenen Weißwein (auch Portwein liefert gute Ergebnisse). Wem es zu sauer ist, gibt noch 50 g weißen Kandis dazu oder lässt die Zitrone weg. Den Sherry haben wir ebenso angesetzt, aber ohne Zitrone und dafür mit 150 g Kandiszucker. Schmeckt wirklich sehr, sehr lecker!

Holunder-Punsch

In manchen Gegenden nennt man ihn auch »Heißer Fliederbeersaft« – gemeint ist in jedem Fall eine Zubereitung aus Früchten vom Schwarzen Holunder. Sie stärken das Immunsystem und werden deshalb traditionell gegen Erkältungskrankheiten zu heißen Säften verkocht. Wer größere Mengen davon erntet, ist gut beraten, Saft daraus mit einem Dampfentsafter zu bereiten (Seite 111). Unser Rezept, das wir Ihnen hier gern vorstellen möchten, stammt aus Knuts Waldkindergarten-Zeit und ist bestens für den kurzfristigen praktischen Hausgebrauch geeignet.

Das brauchen Sie

Etwa ½ Eimer voll Holunderbeeren
(ganze Dolden abschneiden)
ca. 1 l Wasser
3–4 Äpfel (oder 250 ml Apfelsaft)
½ TL Zimt
1 EL Zucker.

TIPP Dieser Punsch lässt sich wunderbar mit Kindern draußen auf offenem Lagerfeuer zu Stockbrot kochen!

So geht's

Mit einer Gabel werden zuerst die Holunderbeeren von den Stielen »gestribbelt« (Foto unten rechts). Die Beeren in einen Kochtopf geben und mit Wasser bedecken. Äpfel in Scheiben schneiden und mit Zimt und Zucker in den Kochtopf geben (Foto unten links).
10 Minuten auf kleiner Flamme köcheln und mit einem Holzlöffel die Beeren »platt drücken«. Den Punsch durch ein Sieb in Gläser oder Tassen füllen und möglichst heiß genießen.
So lecker!

Walnuss-Pesto

Unter »Pesto« versteht man ungekochte Saucen, die aus stark zerkleinerten Bestandteilen bestehen, in der »klassischen« Genovese-Variante Basilikum, Pinienkerne, Knoblauch und Parmesan. Das Wort leitet sich aus dem italienischen »pestare« ab, was so viel bedeutet wie »zerstampfen«.

Das brauchen Sie

50 g fein gemahlene Walnüsse
50 g fein gemahlene Sonnenblumenkerne
50 g geriebenen Parmesan
150 ml Oliven- oder Sonnenblumenöl
1 Prise Salz.

So geht's

Einfach alles gut miteinander verrühren und in ein Schraubglas füllen – fertig. Hält im Kühlschrank 2 Wochen und länger.

Haselnuss-Schokocreme

Das brauchen Sie

2–3 Handvoll gesammelte Haselnüsse (= etwa 100 g Haselnusskerne)
100 g Butter
1 EL Kakaopulver
1 EL Zucker
1 EL Honig
1 Päckchen Vanillezucker.
Außerdem: Nussknacker, Handmühle oder Reibe und ein sauberes Schraubdeckelglas.

So geht's

Nüsse knacken und möglichst fein reiben. Je feiner, desto cremiger wird der Schoko-Nuss-Aufstrich. Alle Zutaten in einen Kochtopf geben und auf kleiner Flamme erwärmen (nicht kochen), bis Butter und Zucker geschmolzen sind. Gut umrühren und noch warm ins Glas umfüllen. Hält im Kühlschrank 2 Wochen und länger.

Wildfrucht-Marmelade kinderleicht

Es gibt viele Variationen, um Marmelade selbst herzustellen, und manche darunter sind recht zeitaufwendig. Da wir aber lieber essen als kochen, beschränken wir uns zugegebenermaßen seit Jahren auf diese eine Variante, die auch unsere Kinder schon seit ihrer Kindergartenzeit (unter Aufsicht) selbstständig zubereiten können. Es ist nämlich wirklich kinderleicht und gelingt eigentlich immer. Das Einzige, was sich immer wieder verändert, sind die Früchte, die wir dafür benutzen! Vielleicht möchten auch Sie einmal experimentieren und ganz neue Kreationen aus Wildfrüchten erfinden. Oder Sie probieren einmal eine Marmelade aus Mispel und Apfel (Seite 115), aus Mahonie und Apfel (Seite 94), Vogelbeere und Holunder, aus Kornelkirsche und Himbeere, Holzapfel und Himbeere oder aus Berberitze und Birne …

Das brauchen Sie

1 kg Wildfrüchte
1 Tasse Wasser
einen Spritzer Zitrone
500 g Gelierzucker 2:1.

So geht's

Entstielte und gewaschene Früchte, das Wasser und einen Spritzer Zitrone in den Kochtopf geben.

Den Gelierzucker darüberschütten. Das Gemisch zum Kochen bringen und dabei gut umrühren. 2 Minuten köcheln lassen. Als Gelierprobe nehmen Sie 1 Esslöffel aus dem Gemisch und verstreichen ihn großflächig auf einer Untertasse. Nach wenigen Sekunden zeigt sich schon, ob die Festigkeit ausreicht. Wenn nicht, einfach noch etwas Gelierzucker zugeben. Die fertige Marmelade noch heiß in saubere Schraubdeckelgläser füllen und sofort fest verschließen.

Gut zu wissen...

- Wildfrüchte für Marmelade sollten so weich gekocht werden, dass sie mit einem Kochlöffel zerdrückt werden können.
- Wildfrüchte gelieren in der Regel besser als gezüchtete Früchte, benötigen also oft weniger Gelierzucker.
- Wildfrüchte mit unangenehmen Kernen wie Hagebutte, Weißdorn, Schlehe oder Vogelbeere immer erst einzeln kochen, durch ein Sieb streichen und erst dann mit anderen Früchten mischen.
- Manche Wildfrüchte wie Schlehe und Vogelbeere sind erst nach dem ersten Frost (kann auch im Gefrierschrank stattfinden) genießbar.

Wilde Pilzpfanne

Nach einem herbstlichen Sammel-Spaziergang gibt es wohl kaum etwas Großartigeres als eine herzhafte Wildpilz-Pfanne. Wäre da nicht die manchmal doch etwas gewöhnungsbedürftige Konsistenz wilder Pilze. Naturgemäß sprießen Pilze ja besonders gut bei Regen – und saugen sich dabei mit Wasser voll wie Schwämme. Und einen Schwamm anzubraten ist wirklich nicht einfach! Als unser guter Freund und Berufskoch Gernot eines Tages einem meiner verzweifelten Versuche beiwohnte, mit Öl und noch mehr Öl unsere gesammelten, reichlich Wasser lassenden Schätze in der Pfanne doch noch zum Anbraten zu bewegen, verriet er uns sein ebenso einfaches wie großartiges Geheimnis gelungener Wildpilz-Pfannen. Und dieses möchten wir hier sehr gern mit Ihnen teilen. Lieber Gernot, herzlichen Dank noch einmal an Dich – für diesen und unzählige weitere tolle und praktische Kochtipps!

Das brauchen Sie

500 g Wildpilze
1 Zwiebel
4 EL Öl oder Butter zum Anbraten
Salz und Pfeffer.

So geht's

Pilze säubern (nicht waschen) und klein schneiden. Zwiebel fein hacken und in einer Pfanne in etwas heißem Öl oder Butter kurz anbraten, bis sie ein ganz bisschen Farbe bekommt (denn sie wird später nochmals braten!). Pilze zugeben. Nun dürfen Sie nicht nervös werden, wenn nach und nach immer mehr Wasser aus den Pilzen austritt. Einfach ab und zu umrühren und die Pilze in ihrem Wasser vor sich hin kochen lassen. Das dauert möglicherweise 25 Minuten und länger! Erst wenn wirklich alles Wasser verdampft ist und die Pilze deutlich kleiner und etwas »trocken« aussehen, geben Sie abermals Fett in die Pfanne – und nun braten die Pilze noch 5–10 Minuten wirklich knusprig braun an! Salz, Pfeffer zugeben und fertig ist die Wilde Pilzpfanne!

Räuchern

Durch das wachsende Interesse an Wildpflanzen wird das alte Brauchtum des Räucherns gerade wieder sehr lebendig: Ob Blätter, Blüten, Wurzeln, Früchte, Rinde oder Baumharze – bestimmte Pflanzen oder auch Teile davon erzeugen mit ihren Düften ganz bestimmte Stimmungen: Manche wirken eher aufmunternd, andere helfen Stress abzubauen oder auch schlechte Stimmungen zu vertreiben. Und man muss bestimmt keine magischen Zauberformeln dabei murmeln! Wichtig ist nur, das Pflanzengut vor dem Verräuchern gut durchzutrocknen.

Eine sehr einfache, moderne Form des Räucherns bieten Räucherstövchen, von denen es viele verschiedene Varianten gibt. Dabei werden die getrockneten Kräuter einfach auf ein Edelstahlsieb gelegt und das Teelicht darunter entzündet. Nach und nach geben die erwärmten Pflanzenteile nun ihre aromatischen Düfte ab. Wenn die ersten Duftschwaden aufsteigen, wird das Räuchergut von der Mitte weg an den Rand geschoben, damit es nicht zu heiß wird. Der Vorteil an Räucherstövchen ist, dass dabei nur sehr wenig Rauch entsteht. So können Sie es wirklich überall benutzen – ob im Wohnzimmer, im Büro oder beim Entspannungsbad. Wer Harze verräuchern möchte, sollte diese zusätzlich auf einem Stückchen Alufolie platzieren, damit das Sieb nicht verklebt. Zum Reinigen des Siebes benutzt man eine kleine Drahtbürste, die meist mitgeliefert wird.

Eine beruhigende Räuchermischung könnte z. B. aus Wildem Oregano, Kamille, Johanniskraut, Baldrianwurzel oder Hopfen bestehen. Besonders schöne Düfte liefern Blüten von Holunder, Rosen und Mädesüß, dazu Fichtenharz.

Vielleicht mögen Sie, analog zur 9-Kräuter-Suppe im Frühjahr, mit einer 9-Kräuter-Räucherung das Vegetationsjahr verabschieden. Eine schöne Mischung hierfür besteht z. B. aus Beifuß, Salbei, Thymian, Königskerze, Wacholder, Fichtenharz, Taubnessel, Odermennig und Schafgarbe.

Wichtige Wirkstoffe in Wildpflanzen

Ätherische Öle

Man erkennt sie daran, dass sie aromatisch duften (z. B. März-Veilchen). Viele wirken antibakteriell und entzündungshemmend (z. B. Thymian, Wald-Engelwurz), manche beruhigend (z. B. Baldrian, Hopfen) oder krampflösend (z.B. Fenchel, Kamille, Schafgarbe). Der Pflanze selbst dienen sie zur Abwehr gegen Bakterien, Viren und Pilze. Auch als Verdunstungsschutz, denn sie sind leicht flüchtig – je wärmer, desto mehr verdunstet davon. Das machen wir uns z. B. beim Räuchern (Seite 179) zunutze.

Alkaloide

Schmecken meist sehr scharf bis bitter und wirken häufig giftig (z. B. Gefleckter Schierling, Herbstzeitlose, Tollkirsche). Pflanzen wehren damit Fressfeinde, Bakterien und Pilze ab. Auch die **Pyrrolizidinalkaloide** (z. B. in Beinwell, Borretsch, Huflattich) zählen hierzu. Manche Alkaloide wie das im Schlafmohn enthaltene Morphin wirken berauschend, andere wie Nicotin oder Coffein sind sogar als Genussmittel verbreitet.

Anthocyane

Das »Blumenblau« dient Pflanzen als natürlicher Sonnenschutz. Deshalb ist auch oft die äußere Haut von Früchten dunkler gefärbt als das innen liegende Fruchtfleisch (z. B. bei Blaubeere, Brombeere, Felsenbirne, Hagebutte, Kirsche, Mahonie, Schlehe, Schwarzem Holunder, Vogelkirsche). Aber auch in vielen kräftig dunkelroten bis blauen Blüten finden sich die Pflanzenfarbstoffe (z. B. Kornblume, Wegwarte, Wilde Malve). Anthocyane wirken im menschlichen Körper ähnlich wie bestimmte Vitamine als Radikalfänger, immunstärkend, sollen Herz-Kreislauf-Erkrankungen vorbeugen und sogar vor Krebs schützen.

Bitterstoffe

Sie lassen förmlich »das Wasser im Mund zusammenlaufen«, schmecken bitter (z. B. Beifuß, Hopfen, Löwenzahn, Wegwarte) und sind in der Ernährung von Mensch und Tier von größter Bedeutung. Da sie aus vielen unserer Lebensmittel herausgezüchtet wurden, kommt der Nahrungsergänzung mit Wildpflanzen hier eine ganz besondere Bedeutung zu. Denn Bitterstoffe kurbeln die Produktion von Verdauungssäften in Mund, Galle, Magen und Darm an und sorgen so dafür, dass unsere Nahrung, auch fetthaltige, richtig verdaut werden kann. So beruht auch die Wirkung von »Magenbitter« und »Schwedenbitter« auf der Wirkung von Bitterkräutern. Der hochprozentige Alkohol darin dient tatsächlich nur dazu, die Bitterstoffe aus den Kräutern zu ziehen und haltbar zu machen. Bitterstoffe verhindern Fäulnis- und Gärungsprozesse sowie Blähungen, stärken das Immunsystem und regen die Durchblutung an. So bringen sie den gesamten Organismus in Schwung, wirken stärkend auf Herz und Psyche und sollten deshalb auf dem täglichen Speiseplan nicht fehlen.

Flavonoide

Sie kommen praktisch in allen Wildpflanzen vor und in geringeren Konzentrationen auch in manchen gezüchteten. Wildpflanzen benötigen sie als Schutz z. B. gegen Sonnenstrahlung, Insektenfraß, Pilze und Viren. Bislang sind bereits mehr als 6000 verschiedene Flavonoide bekannt und jedes wirkt etwas anders. Für unsere

Gesundheit sind sie von unschätzbarem Wert. Als wirksame Antioxidanzien fangen sie freie Radikale ab und schützen so unsere Körperzellen. Sie schützen vor Herz-Kreislauf-Erkrankungen, wirken antibakteriell und antiviral, verbessern das Langzeitgedächtnis und bieten Schutz vor Krebserkrankungen.

Gerbstoffe/Gerbsäuren

Gerbstoffe schmecken herb und hinterlassen ein trockenes Gefühl im Mund und auf der Haut, man sagt, sie wirken »zusammenziehend«. Gerbstoffe sind in sehr vielen Wildpflanzen zu finden (z. B. Gilbweiderich, Himbeere, Kratzbeere, Mädesüß, Mispel, Eiche, Preiselbeere, Salbei), denn sie wirken als natürlicher Fraßschutz sowie gegen eindringende Pilze und Bakterien. Ihre antibakterielle und antivirale Wirkung macht sich der Mensch schon lange zunutze. So wurde die zusammenziehende Wirkung der besonders gerbstoffhaltigen Eichenrinde früher zum Gerben (Haltbarmachen) von Tierhäuten genutzt. Ihre entzündungshemmende Wirkung entfalten sie sowohl innerlich als auch äußerlich aufgetragen (verschließen Wunden und lassen sie austrocknen). In zu hoher Dosis eingenommen, können sie aber auch Magenschleimhautreizungen bewirken.

Mineralstoffe (Mineralien) und Vitamine

Mineralstoffe und die meisten Vitamine kann unser Körper nicht selbst herstellen.

Vitamine liefern Energie und sind an zahlreichen, komplexen Stoffwechselreaktionen beteiligt. So kontrollieren sie den Aufbau von Haut und Gewebe, Augen, Nerven und Immunsystem. Man unterscheidet zwei Typen von Vitaminen. Die **fettlöslichen** Vitamine (A, D, E, K) werden vom Körper gespeichert, sodass es hier sogar zu einer ungesunden Überversorgung kommen kann. Die **wasserlöslichen** (B, C) müssen regelmäßig zugeführt werden. Unser Körper kann sie nicht speichern und Überschüsse werden einfach ausgeschieden. Vitamine sind empfindlich gegenüber Licht und Hitze und zersetzen sich schnell.

Mineralstoffe liefern im Gegensatz zu Vitaminen keine Energie. Sie werden direkt für den Aufbau von Knochen und Zähnen benötigt, für Muskel- und Nervenfunktionen sowie Stofftransporte im Blut. Man unterscheidet **Mengenelemente** (z. B. Kalzium, Magnesium, Kalium) von den sogenannten **Spurenelementen** (z. B. Eisen, Zink, Jod, Fluor), die wir nur in »Spuren« benötigen. Mineralstoffe kann man nicht zerkochen wie Vitamine.

Oxalsäure

Sie kommt in vielen Lebensmitteln vor (z. B. Tomaten, Rhabarber, Spinat) und auch in manchen Wildpflanzen (z. B. Bucheckern, Sauerampfer, Sauerklee). Erst regelmäßig und in höherer Dosis eingenommen, reizt sie die Magenschleimhäute und kann zu Nierenschädigungen führen. Durch den Genuss von Milch wird sie zum Teil neutralisiert.

Senföle

Schmecken scharf-senfartig (Knoblauchsrauke, Hirtentäschel, Brunnenkresse, Ackersenf); sie wirken stark antibakteriell und pilztötend. In der Ernährung werden sie sogar zur Krebsprophylaxe empfohlen, wobei dies noch nicht eindeutig wissenschaftlich erwiesen ist. In zu hoher Dosis können sie empfindliche Magenschleimhäute reizen.

Sammelkalender Kräuter

Bitte beachten Sie, dass die Sammelzeiten in verschiedenen Gegenden und Jahren deutlich variieren können.

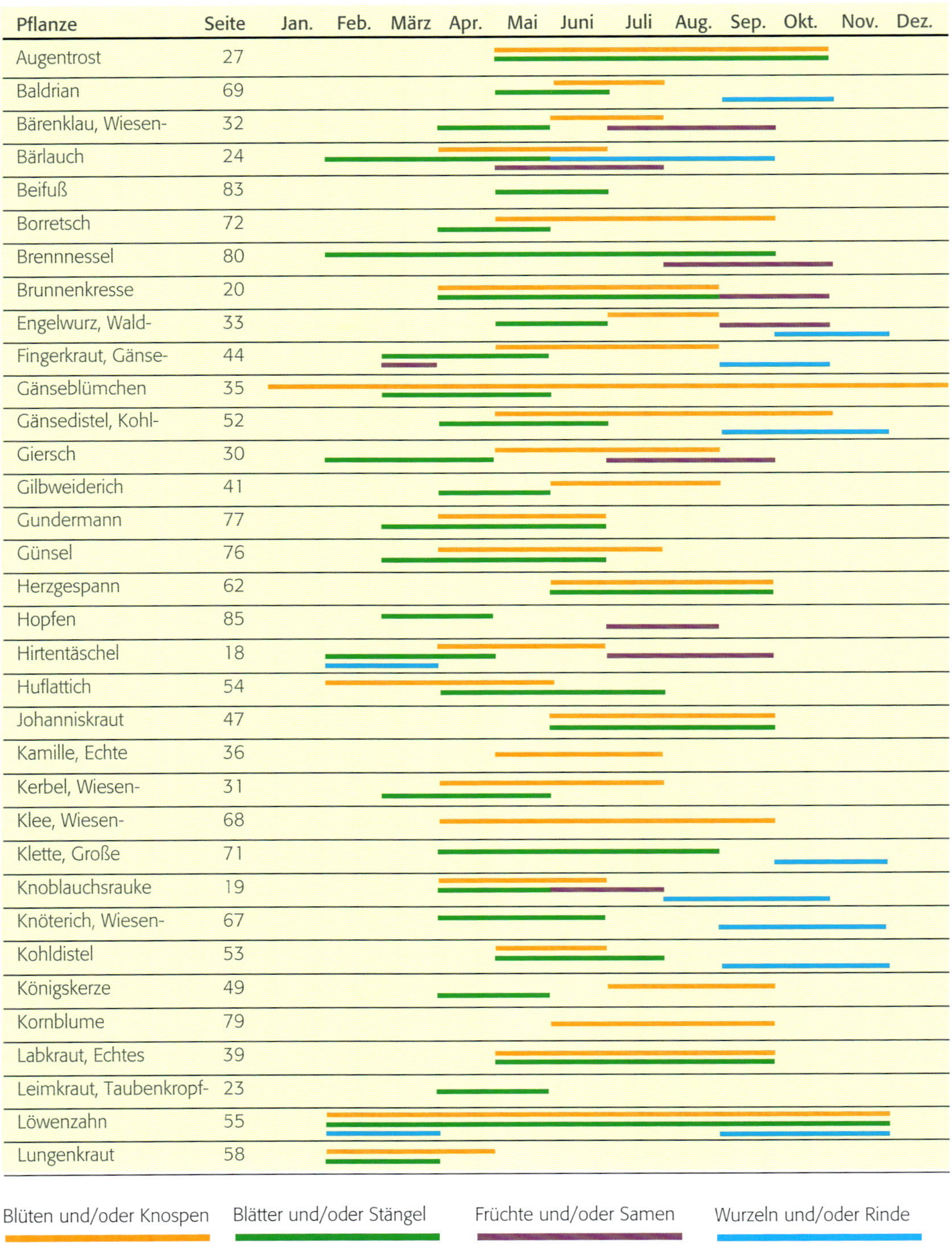

Pflanze	Seite	Jan.	Feb.	März	Apr.	Mai	Juni	Juli	Aug.	Sep.	Okt.	Nov.	Dez.
Mädesüß	28												
Malve, Wilde	57												
Margerite, Wiesen-	37												
Minze, Wasser-	70												
Möhre, Wilde	29												
Nachtkerze	40												
Nelkenwurz, Echte	45												
Odermennig	46												
Oregano	64												
Pastinak	50												
Pfennigkraut	42												
Queller	84												
Rainkohl	51												
Salbei, Echter	75												
Salbei, Wiesen	74												
Sauerampfer	82												
Sauerklee, Wald-	25												
Schafgarbe	34												
Scharbockskraut	43												
Schnittlauch	66												
Senf, Acker-	38												
Steinklee, Echter	48												
Taubnessel, Rote	61												
Taubnessel, Weiße	26												
Thymian	65												
Veilchen, März-	73												
Vogelmiere	22												
Waldmeister	21												
Wegerich, Spitz-	81												
Wegwarte	78												
Weidenröschen	56												
Weiderich, Blut-	60												
Ziest, Heil-	63												

Sammelkalender Beeren/Früchte

Angegeben ist jeweils der beste Zeitpunkt zum Sammeln, wobei dieser naturgemäß in verschiedenen Regionen, witterungsbedingt sowie an unterschiedlichen Standorten etwas variiert.

Pflanze	Seite	Jan.	Feb.	März	Apr.	Mai	Juni	Juli	Aug.	Sep.	Okt.	Nov.	Dez.
Apfel, Wild-	122												
Berberitze	109												
Birne, Wild-	123												
Blaubeere	99												
Bocksdorn	108												
Brombeere	91												
Buche, Rot-	119												
Erdbeere, Wald-	100												
Felsenbirne, Kupfer-	93												
Haselnuss	118												
Himbeere	101												
Holunder, Schwarzer	95												
Holunder, Trauben-	110												
Johannisbeere, Rote	103												
Johannisbeere, Schw.	96												
Kastanie, Ess-	116												
Kornelkirsche	106												
Kratzbeere	90												
Mahonie	94												
Maulbeere, Weiße	120												
Mispel	115												
Preiselbeere	102												
Rose, Hunds-	104												
Rose, Kartoffel-	105												
Sanddorn	113												
Schlehe	98												
Speierling	114												
Stachelbeere	121												
Traubenkirsche	97												
Vogelbeere	111												
Vogelkirsche	107												
Wacholder	92												
Walnuss	117												
Weißdorn	112												

Blüten   Blätter   Früchte   Rinde

Sammelkalender Pilze

Das Erscheinen der Fruchtkörper (in der Tabelle violett hervorgehoben) kann naturgemäß in verschiedenen Regionen, witterungsbedingt sowie an unterschiedlichen Standorten variieren.

Pflanze	Seite	Jan.	Feb.	März	Apr.	Mai	Juni	Juli	Aug.	Sep.	Okt.	Nov.	Dez.
Austern-Seitling	141	▬	▬	▬							▬	▬	▬
Birkenpilz	132						▬	▬	▬	▬			
Bovist, Flaschen	155							▬	▬	▬	▬		
Bovist Riesen-	154							▬	▬	▬	▬	▬	
Butterpilz	137					▬	▬	▬	▬	▬	▬	▬	
Champignon, Wiesen-	139						▬	▬	▬	▬	▬		
Hallimasch	143									▬	▬	▬	
Herbst-Trompete	150								▬	▬	▬		
Hexenröhrling, Fl.	131						▬	▬	▬	▬	▬		
Judasohr	156	▬	▬	▬	▬	▬	▬	▬	▬	▬	▬	▬	▬
Krause Glucke	152								▬	▬	▬		
Lärchen-Röhrling	136						▬	▬	▬	▬	▬	▬	
Marone	134							▬	▬	▬	▬	▬	
Morchel, Speise-	157				▬	▬							
Parasol	138							▬	▬	▬	▬	▬	
Pfifferling, Echter	148						▬	▬	▬	▬	▬		
Pfifferling, Trompeten-	149							▬	▬	▬	▬	▬	
Reizker, Edel-	147								▬	▬	▬	▬	
Rötelritterling	140									▬	▬	▬	
Rotkappe	133						▬	▬	▬	▬			
Schwefel-Porling	153				▬	▬	▬	▬	▬	▬			
Semmel-Stoppelpilz	151							▬	▬	▬	▬	▬	
Speise-Täubling	146						▬	▬	▬	▬	▬		
Steinpilz	130							▬	▬	▬	▬		
Stockschwämmchen	144					▬	▬	▬	▬	▬	▬		
Tintling, Schopf-	142						▬	▬	▬	▬	▬	▬	
Winterpilz	145	▬	▬	▬							▬	▬	▬
Ziegenlippe	135						▬	▬	▬	▬	▬		

Stichwortverzeichnis

Rezeptverzeichnis

Literatur

Ursel Bühring: **Praxis-Lehrbuch der modernen Heilpflanzenkunde.** Karl F. Haug Verlag, 2011

Steffen Guido Fleischhauer, Jürgen Guthmann, Roland Spiegelberger: **Enzyklopädie Essbare Wildpflanzen.** AT Verlag, 2013

Ewald Gerhard: **Der große BLV Pilzführer für unterwegs. 1200 Arten, 1000 Farbfotos.** BLV Verlag, 2014

Andreas Gminder: **Handbuch für Pilzsammler. 340 Arten Mitteleuropas sicher bestimmen.** Franckh-Kosmos-Verlag, 2014

Helmut und Renate Grünert: **Pilze sammeln das ganze Jahr. Die besten Speisepilze Monat für Monat.** BLV Buchverlag, 2014

Herta Haimerl, Wolfgang Bachmeier: **1700 Pilze. Der Pilzexperte mit über 10000 Bildern. Begleitbuch zur Homepage www.123pilze.de.** Eigenverlag, 2014

Michael Machatschek: **Nahrhafte Landschaft.** Böhlau Verlag, 1999

Friederun Pleterski, Renate Habinger: **Die Freuden des natürlichen Lebens.** Edition Grüne Erde im Verlag Christian Brandstätter, 1998

Stephanie Sauer: **100 Wildobstrezepte. Nutzung der Früchte von heimischen wildwachsenden Gehölzen sowie von Ziergehölzen als Wildobst.** Hausarbeit für Lehrämter an Schulen, Universität Duisburg-Essen, 2002

Thomas Schauer, Claus Caspari: **Der BLV Pflanzenführer für unterwegs. 1150 Blumen, Gräser, Bäume & Sträucher.** BLV Buchverlag, 2012

Gertrud Scherf: **Wildkräuter & Wildfrüchte. Sammeln und zubereiten Monat für Monat. Das Rezeptbuch.** BLV Buchverlag, 2012

Internetseiten

Essbare Wildpflanzen, Rezepte & Wissen
www.wildfind.com

Die Pflanzen der Welt von A bis Z
www.pflanzen-lexikon.com

Bestimmung von Bäumen & Sträuchern
www.baumkunde.de

Pilze bestimmen
www.pilzbestimmer.de

Deutsche Gesellschaft für Mykologie: Positivliste der Speisepilze
www.dgfm-ev.de/positivliste-und-liste-der-kultivierbaren-speisepilze

Bildnachweis

Alle Fotos Frank Hecker, außer
Heiko Bellmann/Frank Hecker: 123, 158 m.; Blickwinkel/W. Layer: 23; E. Gerhardt: 146; Alex Glomb: 150, 157 o., 157 u., 158 u., 159 o.; Michael Hassler: 51; Holger Krisp: 158 o.; Andreas Kunze: 159 u.; Mauritius images/Alamy: 45, 52, 93, 108, 120; Oliver Pichard: 38

Über die Autoren

Katrin und **Frank Hecker**, ein Biologen-Ehepaar, studierten gemeinsam an der Kieler Universität Botanik und Zoologie. Mit Abschluss des Studiums machten Sie sich als Naturfotograf und Buchautorin selbstständig. Heute leben und arbeiten sie mit ihren beiden Kindern Frederike und Knut inmitten ihres weitläufigen Wildwuchs-Grundstückes im schleswig-holsteinischen Panten.
Gemeinsam veröffentlichten sie bislang mehr als 40 Naturbücher im In- und Ausland sowie ungezählte Natur-Reportagen. Mittelpunkt ihrer Arbeit bildet das Erleben der Natur auch für Einsteiger und Familien spannend, praxisgerecht und greifbar zu machen. Dabei findet wirklich nur »von Biologen mit Kindern ausprobiert und für gut befunden« Eingang in ihre Bücher!
Mit ihrem umfangreichen Naturfoto-Archiv beliefern sie auch regelmäßig namhafte Zeitschriften und Buchverlage mit Naturfotos.
www.naturfoto-hecker.com

Impressum

Bibliografische Information der Deutschen Nationalbibliothek

Die Deutsche Nationalbibliothek verzeichnet diese Publikation in der Deutschen Nationalbibliografie; detaillierte bibliografische Daten sind im Internet über http://dnb.d-nb.de abrufbar.

BLV Buchverlag GmbH & Co. KG

80797 München

Umschlagkonzeption: Kochan & Partner, München
Umschlagfotos: Hecker

Lektorat: Dr. Friedrich Kögel
Herstellung: Hermann Maxant

DTP: Michel, Satz+Layout Fruth GmbH, München

Gedruckt auf chlorfrei gebleichtem Papier

Printed in Germany

ISBN 978-3-8354-1271-2

Hinweis
Das vorliegende Buch wurde sorgfältig erarbeitet. Dennoch erfolgen alle Angaben ohne Gewähr. Weder Autorin noch Verlag können für eventuelle Nachteile oder Schäden, die aus den im Buch vorgestellten Informationen resultieren, eine Haftung übernehmen.

www.facebook.com/blvVerlag